U0511951

建筑设计
热点
365问

侯春芳　王东风　侯景新　编著

365 HOT TOPICS
IN ARCHITECTURAL DESIGN

机械工业出版社

CHINA MACHINE PRESS

本书从建筑行业一线工作人员的实际需求出发，密切结合行业热点，精选在设计、施工、运营等各个环节中遇到的常见问题，由实战经验丰富的行业专家们进行详尽的解答和分析。从工程建设规范要求到建筑方案设计，从技术细节到项目管理，覆盖了工程建设规范应用与范畴、工程建设规范问题辨析、绿色建筑技术、超低能耗建筑、城市更新设计、海绵城市设计、医疗建筑设计、养老建筑设计多个方面。本书有助于读者拓展能力范围，提升综合素养，可为建筑工程从业者提供工作指南及启发，也可作为建筑相关专业师生的教学参考。

图书在版编目（CIP）数据

建筑设计热点365问 / 侯春芳，王东风，侯景新编著.

北京 ：机械工业出版社，2025.3. -- ISBN 978-7-111
-78181-3

Ⅰ. TU2-44

中国国家版本馆CIP数据核字第2025UW2454号

机械工业出版社（北京市百万庄大街22号　邮政编码100037）

策划编辑：赵　荣　　　　　　　　　　　责任编辑：赵　荣　范秋涛

责任校对：李　霞　杨　霞　景　飞　　　封面设计：鞠　杨

责任印制：常天培

北京联兴盛业印刷股份有限公司印刷

2025年6月第1版第1次印刷

148mm×210mm・8印张・271千字

标准书号：ISBN 978-7-111-78181-3

定价：59.00元

电话服务　　　　　　　　　　网络服务

客服电话：010-88361066　　　机　工　官　网：www.cmpbook.com

　　　　　010-88379833　　　机　工　官　博：weibo.com/cmp1952

　　　　　010-68326294　　　金　书　网：www.golden-book.com

封底无防伪标均为盗版　　机工教育服务网：www.cmpedu.com

前言

随着我国大建设趋于平稳，建筑师的角色和定位也面临着新的转变，建筑师不再仅仅局限于技术的精湛和艺术的创造，而是需要更加全面地审视自己在建筑行业中的位置，要求我们具备全局视野，关注大建设领域的上下游产业的发展状况。在这一背景下，拓展能力范围，提升综合素养，已成为建筑师在行业中立足的关键。

建筑是一个既充满挑战又蕴含无限可能的领域。本书旨在为建筑工程一线人员提供一份实用的工作指南，汇集了日常工作中遇到的常见问题，由中国建筑科学研究院建筑云联盟的相关专家们通过直播解答，再由笔者进行拓展整理，以期为每一位建筑师和建筑从业者提供有价值的参考和启发。我们从一线工作人员的实际需求出发，精选了他们在设计、施工、运营等各个环节中遇到的问题，并提供了详尽的解答和分析。从规范要求到建筑方案设计，从技术细节到项目管理，无一不体现了建筑行业的复杂性和专业性。

最后，感谢建筑云联盟专家们的无私分享，希望这本书能够成为您职业生涯中的良师益友，帮助您在建筑设计的道路上越走越远。愿您以梦为马，不负韶华，用您的智慧和汗水，为这个世界增添更多的美丽和温暖。

编著者

目录

第二节　工程建设规范问题辨析　14

第三节　绿色建筑技术　51

第二章　建筑方案设计　　　　　　　　　　　　99

第一节　城市更新设计　100

第三节 医疗建筑设计 178

第四节　养老建筑设计　216

第一章

工程建设规范与技术标准

第一节　工程建设规范应用与范畴

问题 1. 强制性工程建设规范与推荐性工程建设规范有什么区别?

答:强制性工程建设规范设定了一个不可逾越的控制性底线要求,这些规范必须得到严格的遵守和执行。对于那些已经存在的建筑改造项目,其改造标准应当不低于建筑物最初建造时所遵循的标准。这些底线要求是为了确保工程质量和安全,防止出现任何可能导致事故或损害的情况。

推荐性工程建设规范则是基于长期实践检验而形成的一系列配套标准。这些规范虽然不具备强制性,但在一般情况下也应当得到执行。它们是经过验证的、行之有效的标准,能够为工程建设提供有益的指导。当然,这些推荐性标准并非必须严格执行,但在实际操作中,合理地选用这些标准将有助于提高工程质量和效率。

除推荐性工程建设规范之外,还有其他相关的推荐性标准可供选择。这些标准虽然不是强制性的,但在特定情况下可能会对工程建设起到积极的辅助作用。合理选用这些标准,可以进一步提升工程的综合性能和可靠性。

问题 2. 强制性工程建设规范体系中,工程项目类规范和通用技术类规范有什么区别?

答:工程项目类规范通常简称为项目规范,它的核心是对工程建设项目整体进行全面的规范和指导。在项目规范中,项目的规模、布局、功能、性能以及关键技术措施等五大要素是最为重要的内容。这些要素是相互关联、相互影响的,它们共同构成了工程建设项目的基本框架和核心要素。

与项目规范相对应的是通用技术类规范,通常简称为通用规范。**通用规范的主要对象是实现工程建设项目功能性能要求的各专业通用技术。**在这些专业通用技术中,勘察、设计、施工、维修、养护等通用技术要求是主要的内容。通用规范的制定和实施,有助于提高工程建设项目的一致性和标准化水平,降低项目的风险,提高项目的效益。

问题 3. 在各类技术标准修订阶段，如何对待现行技术标准中的强制性条文？

答： 对于现行技术标准应当依据通知发布实施或者废止：

（1）发布通知中废止了相应标准的强制性条文，废止其条文及其强制性。

（2）在相关标准未修订的衔接阶段，只废除其强制性。

1）当原标准条文与规范条文不重复、不矛盾或不低于规范规定时，保留原条文但为推荐性条文。

2）当原标准条文与规范条文重复时，在修订相关技术标准时直接引用通用规范或删除。

3）当规范条文为多条原标准条文改造而来时，原条文应改造为实现规范要求的技术措施和技术要求，并为推荐性条文。

4）当原条文与规范矛盾、不一致或低于规范规定时，原条文废止。

5）各类技术标准均将逐步修订，以实现与规范的衔接。

问题 4. 我国工程建设标准体系层级以及标准有效性的把握原则是什么？

答： 我国工程建设标准体系层级分为：

国家标准（GB，GB/T）> 行业标准（JGJ、CJJ、CJJ/T、CECS）> 地方标准（DBJ，DBJ/T）> 企业标准

不同级别的标准，低级别标准如有低于高级别标准的规定应视同无效，但允许低级别标准做出严于高级别标准的规定。因此，在实际工程设计中，应按最严格的规定执行。

2004 年 2 月 4 日，中华人民共和国建设部以建标〔2004〕20 号印发《工程建设地方标准化工作管理规定》其中第十条有如下规定：

> **第十条** 工程建设地方标准不得与国家标准和行业标准相抵触。对与国家标准或行业标准相抵触的工程建设地方标准的规定，应当自行废止。当确有充分依据，且需要对国家标准或行业标准的条文进行修改的，必须经相应标准的批准部门审批。

问题 5. 在标准的过渡期，应执行新标准还是旧标准？

答：《强制性国家标准管理办法》第三十九条中明确说明了新旧标准的执行原则。

> **第三十九条** 强制性国家标准发布后实施前，企业可以选择执行原强制性国家标准或者新强制性国家标准。新强制性国家标准实施后，原强制性国家标准同时废止。

另外，应遵守标准有效性的把握原则：**同级别的标准对同一问题不一致时，应以最新发布的标准为准。**

问题 6. 对于《建筑设计防火规范》中强制性条文废止，是指仅废止原强制性条文的强制性改成按普通条文执行，还是完全废止不执行？

答：法律层面讲，是指完全废止。现实层面讲，**目前废止的只能是其强制性，而不是其内容，以此保证设计审查验收的顺利推进。**

《建筑防火通用规范》（GB 55037—2022）与被废止强制性条文规范标准应该同步制定修订，同步批准发布，同步实施。但目前国家的标准化资源不足以支持同步开展这么庞大的工作，以至于 32 本规范标准的强制性条文全部废止后，出现标准的"空白"。这种情况在 2014 版《建筑设计防火规范》批准发布时也曾经出现过。2014 版《建筑设计防火规范》发布公告宣布规范于 2015 年 5 月 1 日实施，原 2006 版《建筑设计防火规范》和 2005 年版《高层民用建筑设计防火规范》同时废止。但因原定同期分别实施的《建筑防烟排烟系统技术标准》推迟发布，导致 2014 版《建筑设计防火规范》实施后，防烟排烟设计没有标准。为此，2015 年 4 月 27 日，公安部消防局下发了《关于执行新版消防技术规范有关问题的通知》。

问题 7. 对于消防设计，国家标准中强制性条文是必须执行的，非强制性条文是可以不执行的吗？

答：首先，根据《消防法》第九条的规定，并未强调仅需满足强制性条文，《消防法》要求符合技术标准，是不区分强制性条文和应执行条文的。

> **第九条** 建设工程的消防设计、施工必须符合国家工程建设消防技术标准。建设、设计、施工、工程监理等单位依法对建设工程的消防设计、施工质量负责。

其次，住房和城乡建设部曾给出回复，如果因没有执行普通条款而出现问题，也将承担一定责任。

（1）强制性标准中的黑体字为强制性条文，必须严格执行，如有违反即处罚；非黑体字应当执行，如有违反且因此出现问题或事故，则也要受到处罚。

（2）依据标准化法具备相应法律效力。

问题 8. 修订的建筑设计防火规范实施前，设计图纸已审查备案的，在修订的建筑设计防火规范实施后进行的设计图纸变更，是执行原建筑设计防火规范还是修订后的建筑设计防火规范？

答： 这是新规执行过渡期问题，住房和城乡建设部给出如下回复：

建筑设计及变更首先应保证建筑防火安全。根据《建设工程消防设计审查验收管理暂行规定》第四十三条规定，新颁布的国家工程建设消防技术标准实施之前，建设工程的消防设计已经依法审查合格的，按原审查意见的标准执行；修订的建筑设计防火规范颁布后、正式实施之前的设计图纸变更按照修订前的建筑设计防火规范执行；修订的建筑设计防火规范颁布且正式实施之后的设计图纸变更，在修订后的建筑设计防火规范中有明确规定的，应按修订后的建筑设计防火规范执行。

问题 9. 对于现行标准与规范，未详细说明连廊周边的防火保护措施如何执行，这种仅定性未定量的问题如何解决？

答： 在国家标准规范中，并没有明确地规定连廊周边需要进行防火保护措施的具体范围，这导致了各地在执行时尺度不一。有些地方的地标性建筑在实际操作中，会参考楼梯间1m 的间距来进行防火保护措施的执行；而另一些地方则会根据防火分区的界限，执行 2m 的间距。因此，在进行建筑设计和施工时，提前咨询当地的相关政策是非常重要的。特别是对于那些存在争议性问题、规范的盲点以及疑点的地方，可以通过查找地标性建筑的具体做法、权威专家的观点等作为依据，与当地的管理部门进行积极的沟通和争取，以确保建筑的安全性和合规性。

问题 10. 《建筑设计防火规范》（GB 50016—2014）（2018 年版）的级别和其他国家标准规范的上下关系怎么区分？比如《物流建筑设计规范》（GB 51157—2016）防火分区的条文与《建筑设计防火规范》（GB 50016—2014）（2018 年版）有冲突，如何处理？

答： 根据《建筑设计防火规范》（GB 50016—2014）（2018 年版）的相关规定，**当存在特定领域的专项规范时，应当优先遵循这些专项规范。**因此，在题目中所提及的问题上，应当依照《物流建筑设计规范》（GB 51157—2016）来进行执行。又如，在航站楼的防火设计中，也存在专门的规范，根据这些专项规范，公共区域的防火分区面积可以不受限制，因此在这种情况下，同样不适用《建筑设计防火规范》（GB 50016—2014）（2018 年版）的规定。

参考规范：

《建筑设计防火规范》（GB 50016—2014）（2018 年版）规定：

5.3.1 除本规范另有规定外，不同耐火等级建筑的允许建筑高度或层数、防火分区最大允许建筑面积应符合表 5.3.1 的规定。

表 5.3.1 不同耐火等级建筑的允许建筑高度或层数、防火分区最大允许建筑面积

名称	耐火等级	允许建筑高度或层数	防火分区的最大允许建筑面积 /m²	备注
高层民用建筑	一、二级	按本规范第 5.1.1 条确定	1500	对于体育馆、剧场的观众厅，防火分区的最大允许建筑面积可适当增加
单、多层民用建筑	一、二级	按本规范第 5.1.1 条确定	2500	
	三级	5 层	1200	
	四级	2 层	600	

名称	耐火等级	允许建筑高度或层数	防火分区的最大允许建筑面积 /m²	备注
地下或半地下建筑（室）	一级	—	500	设备用房的防火分区最大允许建筑面积不应大于 1000m²

注：1. 表中规定的防火分区最大允许建筑面积，当建筑内设置自动灭火系统时，可按本表的规定增加 1.0 倍；局部设置时，防火分区的增加面积可按该局部面积的 1.0 倍计算。

2. 裙房与高层建筑主体之间设置防火墙时，裙房的防火分区可按单、多层建筑的要求确定。

5.3.3　防火分区之间应采用防火墙分隔，确有困难时，可采用防火卷帘等防火分隔设施分隔。采用防火卷帘分隔时，应符合本规范第 6.5.3 条的规定。

《物流建筑设计规范》（GB 51157—2016）规定：

15.3.1　除高层物流建筑外，用于物品自动分拣的作业型物流建筑内，布置密集自动分拣系统设备的区域的最大允许防火分区建筑面积可按表 15.3.1 执行。

表 15.3.1　布置密集自动分拣系统设备的区域的最大允许防火分区建筑面积

建筑类型	耐火等级	每个防火分区最大允许建筑面积 /m²
单层	一级	不限
	二级	16000
多层	一级	12000
	二级	8000

注：当建筑设自动灭火系统时，最大允许防火分区面积可以按本表增加 1.0 倍。

15.3.2　当多座多层或高层物流建筑由楼层货物运输通道连通时，其防火设计应符合下列规定：
每座物流建筑的占地面积、防火分区面积及防火间距应符合现行国家标准《建筑设计防火规范》（GB 50016）的规定。

问题 11. 如果工业建筑存在裙房,《建筑设计防火规范》（GB 50016—2014）（2018 年版）有关裙房的设防原则和要求是否适用？

答：尽管《建筑设计防火规范》（GB 50016—2014）（2018 年版）只规定了民用建筑有关裙房的防火设计技术要求，但并不是说裙房不适用工业建筑，只是工业建筑有关裙房的防火设计问题不突出，未在规范中予以明确。在具体工程中，如果高层工业建筑存在裙房的情形，其防火设计要求可以比照《建筑设计防火规范》（GB 50016—2014）（2018 年版）有关设防原则确定。

另外，高层工业与民用建筑的**裙房**应注意与高层工业与民用建筑的**裙楼**的区别。建筑的裙楼也是与高层建筑主体直接相连的附属建筑，但是其建筑高度与高层建筑主体的高度相差较大，且裙楼的建筑高度大于 24m。裙楼的防火设计要求要根据高层建筑主体及裙楼的建筑高度、建筑类别或火灾危险性类别来确定，当裙楼采用防火墙和甲级防火门与高层建筑主体分隔时，裙楼部分的防火设计可以按照裙楼的建筑高度、建筑类别或火灾危险性类别来确定，但裙楼的耐火等级不应低于高层建筑主体的耐火等级。

问题 12. 人员密集场所、公众聚集场所、公共娱乐场所、歌舞娱乐放映游艺场所如何区分？

答：人员密集场所、公众聚集场所、公共娱乐场所、歌舞娱乐放映游艺场所，是从下至上的从属关系。**人员密集场所包含公众聚集场所，公众聚集场所包含公共娱乐场所，公共娱乐场所包含歌舞娱乐放映游艺场所。**

（1）人员密集场所：包括医院的门诊楼、病房楼，学校的教学楼、图书馆、食堂和集体宿舍，养老院，福利院，托儿所，幼儿园，公共图书馆的阅览室，公共展览馆、博物馆的展示厅，劳动密集型企业的生产加工车间和员工集体宿舍，旅游、宗教活动场所，以及公众聚集场所等。

（2）公众聚集场所：包括宾馆、饭店、商场、集贸市场、客运车站候车室、客运码头候船厅、民用机场航站楼、体育场馆、会堂，以及公共娱乐场所等。

（3）公共娱乐场所：包括具有文化娱乐、健身休闲功能并向公众开放的室内场所，包括影剧院、录像厅、礼堂等演出、放映场所，舞厅、卡拉 OK 厅等歌舞娱乐场所，具有娱乐功能的夜总会、音乐茶座和餐饮场所，游艺、游乐场所，保龄球馆、旱冰场、桑拿浴室等营业性健身、休闲场所。

（4）歌舞娱乐放映游艺场所：根据《建筑设计防火规范》第 5.4.9 条条文解释，歌舞娱乐放映游艺场所为歌厅、舞厅、录像厅、夜总会、卡拉 OK 厅和具有卡拉 OK 功能的餐厅或包房、各类游艺厅、桑拿浴室的休息室和具有桑拿服务功能的客房、网吧等场所，包括足疗店，不包括电影院和剧场的观众厅。

注意根据《建筑设计防火规范》国家标准管理组关于足疗店消防设计问题的复函（建规字〔2019〕1 号），考虑足疗店的业态特点与桑拿浴室休息室或具有桑拿服务功能的客房基本相同，因此足疗店消防设计应按歌舞娱乐放映游艺场所处理。

问题 13. 电竞酒店、月子中心、度假村、疗养院、蔬菜交易大棚应分别按照哪类建筑确定其防火设计要求？

答：（1）电竞酒店是在既有旅馆建筑的基础上改变使用功能或按照旅馆建筑建造的具有网吧和娱乐游艺功能的建筑。这类建筑的火灾危险性与歌舞娱乐放映游艺场所类似，应按照歌舞娱乐放映游艺场所确定其防火设计要求。

（2）月子中心也称月子会所，主要为产妇提供专业的产后恢复与婴儿照料服务的场所。对于无治疗功能的月子中心，考虑到产妇体能处于恢复期，婴儿需要专业照顾，宜按照旅馆建筑和托儿所建筑中的较高要求确定其防火设计要求；对于具有治疗功能的月子中心，应按照旅馆建筑、医疗建筑和托儿所建筑中的较高要求确定其防火设计要求，既要符合旅馆建筑的相关规定，又要符合医疗建筑和托儿所建筑的防火要求。

（3）根据现行行业标准《旅馆建筑设计规范》（JGJ 62—2014）规定，度假村、疗养院属于旅馆建筑。因此，度假村、疗养院的防火设计应符合旅馆建筑的相关要求，其中有治疗功能的疗养院还应符合医疗建筑的防火设计要求。

（4）蔬菜交易大棚属于进行蔬菜买卖或交易的公共场所，应按照商店建筑确定其防火设计要求。

问题 14. 什么是室外安全区？什么是室内安全区？

答：室外安全区是指符合人员安全停留需求，并允许人员迅速疏散至安全地带的室外设计地面（涵盖露天下沉广场）、上人屋面或平台、连接相邻建筑的开敞天桥或连廊、室外楼梯，以及建筑中连接疏散楼梯（间）、相邻建筑的上人屋面、天桥的敞开外廊等区域。

室内安全区则涵盖疏散楼梯间及其前室、避难间、避难层、避难走道、符合安全标准的室内步行街或有顶下沉广场、有顶庭院，以及通过防火墙完全分隔的相邻防火分区等区域，这些区域均被认定为室内安全区域。

问题 15. 关于民用建筑耐火等级要求，《建筑防火通用规范》（GB 55037—2022）是否有变化？

答：《建筑防火通用规范》（GB 55037—2022）增加了具有特殊使用性质的建筑，增加这些的同时也对一些特殊使用功能的场所进行了一些限制：

（1）对于一级建筑，A 类广播电影电视建筑、四级生物安全实验室，在《建筑防火通用规范》里面进行了明确。而在《建筑设计防火规范》里面对于一级要求只是说明地下或半地下建筑（室）和一类高层建筑的耐火等级不应低于一级。

（2）对于二级建筑，在《建筑防火通用规范》里面增加了条款：**一层和一层半式民用机场航站楼**；《通用规范》里面已经弱化了重要防火公共建筑的概念，**对于总建筑面积大于1500m² 的单、多层人员密集场所**，与人员密集场所进行了融合；**B 类广播电影电视建筑，一级普通消防站、二级普通消防站、特勤消防站、战勤保障消防站**，对于消防站有了明确的要求，不应低于二级；**设置洁净手术部的建筑，三级生物安全实验室，用于灾时避难的建筑**，进行了融合汇总和完善。

而《建筑设计防火规范》里面对于二级建筑只要求单、多层重要公共建筑和二类高层建筑的耐火等级不应低于二级。

（3）对于三级建筑，《建筑防火通用规范》第5.3.3条规定，**下列民用建筑的耐火等级不应低于三级：①城市和镇中心区内的民用建筑；②老年人照料设施、教学建筑、医疗建筑。** 对于老年人照料设施，《建筑设计防火规范》里面说的是除木制建筑以外老年人照料设施不应该低于三级，但是对于教学和医疗建筑《建筑设计防火规范》第5.4.5和5.4.6条有要求：**医院和疗养院采用四级耐火等级建筑时，应为单层；设置在四级耐火等级的建筑内时，应布置在首层**，包括教学建筑也是一样的要求。而《建筑防火通用规范》里面提高了要求，不允许和四级建筑有关，不允许设置在四级建筑内。

问题 16. 建筑设计中，规划部门定的高度是否是防火高度？建筑埋深是否是消防埋深？

答： 在建筑设计中，关于高度的设定和埋深的定义，需依据具体的应用背景和规范标准来准确理解。规划部门所定的高度并非直接等同于防火高度，规划部门注重的是街道的整体界面，因此规划部门制定的高度是基于城市规划的外部视角，主要关注于建筑的整体形象，如檐口、屋脊、女儿墙等，以此来进行高度控制。同样，建筑埋深也非直接等同于消防埋深，其在消防领域中的定义更侧重于内部使用需求，因此通常从建筑最底层的面层开始计算。

问题 17. 民用建筑中的丙类库房，是否需按丙类仓库执行？

答： 库房和仓库是两个概念，分属于工业和民用的两种建筑类型，常规的逻辑上来说，不允许二者组合建造，二者的火灾危险性也不同，设防标准也是不同的。而对于民用建筑而言，不可避免地有一些仓库的部分，但不是真正意义上的仓库建筑，应该称之为库房，属于民用建筑附属建筑，是为民用建筑服务的。仓库使用功能重分隔，轻疏散，防火分区面积控制很小，疏散体系控制较松。民用建筑库房不一样，对于疏散条件要求高，对于防火分隔要求较松。二者指标不一样，所以民用建筑中的丙类库房不能按丙类仓库执行。仓库防火分区做法如下图所示，防火分区与防火分区之间共用疏散体系，走道加楼梯间是独立的防火单元。

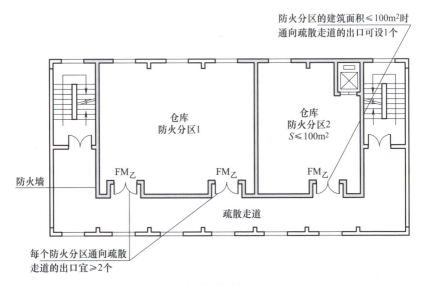

防火分区的建筑面积≤100m²时通向疏散走道的出口可设1个

仓库
防火分区1

仓库
防火分区2
$S ≤ 100m^2$

防火墙

FM乙　　　FM乙　　　FM乙

疏散走道

每个防火分区通向疏散走道的出口宜≥2个

仓库防火分区做法

问题18. 我国建筑外墙保温工程应满足什么级别的要求？

答： 根据《建筑防火设计规范》（GB 50016—2014）（2018年版），对于有机保温材料的燃烧性能，基本上要求其达到B_1级的标准。这一标准是通过《建筑材料及制品的燃烧性能分级》（GB 8624—2012）来进行检验和评定的。

在实际应用中，常见的有机保温材料主要包括以下几种类型：模塑聚苯板（EPS）、石墨聚苯板、挤塑聚苯板、硬泡聚氨酯以及酚醛泡沫。

问题19. 对于外墙保温系统与外墙外保温工程如何理解区分？

答：《外墙外保温工程技术标准》（JGJ 144—2019）中定义：

（1）外墙外保温系统： 由保温层、防护层和固定材料构成，并固定在外墙外表面的非承重保温构造总称，简称外保温系统。

（2）外墙外保温工程：将外保温系统通过施工或安装，固定在外墙外表面上所形成的建筑构造实体，简称外保温工程。

一个成熟的建筑外墙保温系统，需要经历长期的工程实践的检验，应具有相对成熟的标准体系、技术体系和产业支撑体系。

问题 20. 屋顶、闷顶和建筑缝隙有哪些要求？

答：依据《建筑设计防火规范》（GB 50016—2014）（2018年版）规定，关于屋顶、闷顶和建筑缝隙有以下几方面需要注意：

（1）在三、四级耐火等级建筑的闷顶内采用可燃材料作绝热层时，屋顶不应采用冷摊瓦。闷顶内的非金属烟囱周围0.5m、金属烟囱 0.7m 范围内，应采用不燃材料作绝热层。

（2）层数超过 2 层的三级耐火等级建筑内的闷顶，应在每个防火隔断范围内设置老虎窗，且老虎窗的间距不宜大于 50m。

（3）内有可燃物的闷顶，应在每个防火隔断范围内设置净宽度和净高度均不小于 0.7m 的闷顶入口；对于公共建筑，每个防火隔断范围内的闷顶入口不宜少于 2 个。闷顶入口宜布置在走廊中靠近楼梯间的部位。

（4）变形缝内的填充材料和变形缝的构造基层应采用不燃材料。电线、电缆、可燃气体和甲、乙、丙类液体的管道不宜穿过建筑内的变形缝，确需穿过时，应在穿过处加设不燃材料制作的套管或采取其他防变形措施，并应采用防火封堵材料封堵。

（5）防烟、排烟、供暖、通风和空气调节系统中的管道及建筑内的其他管道，在穿越防火隔墙、楼板和防火墙处的孔隙应采用防火封堵材料封堵。风管穿过防火隔墙、楼板和防火墙时，穿越处风管上的防火阀、排烟防火阀两侧各 2.0m 范围内的风管应采用耐火风管或风管外壁应采取防火保护措施，且耐火极限不应低于该防火分隔体的耐火极限。

（6）建筑内受高温或火焰作用易变形的管道，在贯穿楼板部位和穿越防火墙的两侧宜采取阻火措施。

（7）建筑屋顶上的开口与邻近建筑或设施之间，应采取防止火灾蔓延的措施。

第二节　工程建设规范问题辨析

问题 21. 关于建筑分类，某建筑内设置了剧院、资料室及餐饮等功能，其中单层剧院屋面高度为26.5m，其余部分屋面高度为21.6m，建筑可以定性为单层公共建筑吗？

答： 如下图所示，此处的资料室及餐厅不属于单层剧院的辅助用房。对于"辅助用房"的概念仅在《建筑设计防火规范图示》（18J811—1）中出现过，在规范条文中并没有相关要求，建议提前咨询消防意见。

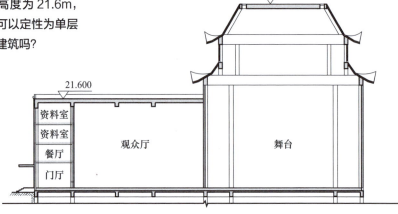

项目剖面示意

参考规范：

《建筑设计防火规范》（GB 50016—2014）（2018年版）第5.1.1条条文解释：

本条中建筑高度大于24m 的单层公共建筑，在实际工程中情况往往比较复杂，可能存在单层和多层组合建造的情况，难以确定是按单、多层建筑还是高层建筑进行防火设计。在防火设计时要根据建筑各使用功能的层数和建筑高度综合确定。

问题22. 地库的疏散距离是直线距离还是行走距离?

答: 地库的疏散距离见《汽车库、修车库、停车场设计防火规范》(GB 50067—2014)第6.0.6条规定:**汽车库室内任一点至最近人员安全出口的疏散距离不应大于45m,当设置自动灭火系统时,其距离不应大于60m。**这里的疏散距离指的是直线距离而不是行走距离,不考虑障碍物的遮挡,如汽车等,前提是视线能通达出口的直线距离,如果有柱子或剪力墙遮挡视线,就要绕开障碍物计算折线距离,如果没有遮挡视线,跨过障碍物计算直线距离。

问题23. 医疗(养老)建筑中的避难间,当设置机械加压送风系统有困难,采用自然通风系统又不具备不同朝向的可开启外窗时,应如何设计?

答: 根据现行国家标准《建筑防烟排烟系统技术标准》(GB 51251—2017)第3.2.3条规定:**采用自然通风方式防烟的避难层(间)应设置不同朝向的可开启外窗,其有效面积不应小于该避难间地面面积的2%,且每个朝向的面积不应小于2.0m²。**这一规定主要针对所需避难区面积较大的避难层。对于只需要设置避难间的建筑,避难间内的烟气主要来自避难间自身失火,一旦出现意外能很快被控制,而可以不考虑外部烟气通过房间的门、窗侵入的情形。避难间的建筑面积通常不大,往往难以设置不同朝向的外窗。这样的避难间采用自然通风方式时,只在一个朝向设置可开启外窗也基本能够满足实际安全避难的需要,但可开启外窗的有效面积不应小于该避难间地面面积的2%,且不应小于2.0m²。

问题24. 某项目台塔部分33m高,楼座及后台部分不足24m高,防火高度是否需要按台塔高度计算?此建筑是否是高层建筑?

答: 防火设计的思路,一定是从宏观到微观,从定性到定量,做防火首先要对建筑进行定性,是高层还是多层,定性完之后才能定级,然后才能具体地去量化。其中很重要的一个方法,就是把建筑进行切块,当火灾危险性不同的时候,或者有不同的功能区组成的时候,要切块之后单独定性,定性完之后再进行组合。这种方法这个时候会有分歧，自由组合之后，往往就会有三个方向，第一个直接以高标准执行，第二个都以低标准执行，第三个两块分开来执行。

所以对于以上问题，应将其视为两个独立的防火分区进行考虑。台塔部分作为单层结构，应直接执行单层或多层建筑的防火标准；而后台部分，由于其同样属于多层建筑范畴，因此也应按照多层建筑的防火要求进行设计和实施。在此过程中，应确保各防火分区之间的防火隔离措施得到有效落实，以保障整体建筑的安全。

问题 25. 人员安全疏散密度取值是多少？

答： 根据《建筑设计防火规范》（GB 50016—2014）（2018 年版）规定，不同场所人员安全疏散密度取值不同：

（1）歌舞娱乐放映游艺场所中录像厅的疏散人数，应根据厅、室的建筑面积按不小于 1.0 人 /m² 计算；其他歌舞娱乐放映游艺场所的疏散人数，应根据厅、室的建筑面积按不小于 0.5 人 /m² 计算。

（2）有固定座位的场所，其疏散人数可按实际座位数的 1.1 倍计算。

（3）展览厅的疏散人数应根据展览厅的建筑面积和人员密度计算，展览厅内的人员密度不宜小于 0.75 人 /m²。

（4）商店的疏散人数应按每层营业厅的建筑面积乘以下表规定的人员密度计算。对于建材商店、家具和灯饰展示建筑，其人员密度可按下表规定值的 30% 确定。

商店营业厅内的人员密度　　　　　（单位：人 /m²）

楼层位置	地下第二层	地下第一层	地上第一、二层	地上第三层	地上第四层及以上各层
人员密度	0.56	0.60	0.43~0.60	0.39~0.54	0.30~0.42

问题 26. 对于规模不足 3000m² 的多层建筑，是否有消防车道的设置要求？

答： 对于规模不足 3000m² 的多层建筑，并没有强制要求必须设置消防车道，只有高层公共建筑和占地面积大于 3000m² 的其他单、多层公共建筑才需要至少沿建筑的两条长边设置消防车道。

从城市视角来说，城市的消防车道要求每隔 120m 布置一个室外消火栓，每个室外消火栓具有 150m 的保护半径，消防车道的间距应为 160m，如下图所示。因此对于面积较小的建筑，当发生火灾时从消防栓的位置拉出一根消防水带，如果能达到建筑所在位置就可以满足消防要求。当然，还要根据不同的地方标准具体分析。

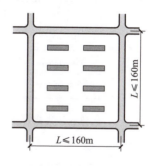

消防车道网络

问题 27. 消防车道转弯半径指的是道路内径还是外径？

答： 消防车道转弯半径的定义，并非直接指向道路的内径或外径。在实际应用中，为满足消防车的通行需求，消防车道的设置必须遵循特定的转弯半径要求。在车库设计规范中，对于消防车转弯半径的描述相当详尽，它实际上是指消防车在极限转弯状态下，其外轮所划过的轨迹。因此，**它既非特指车道的内径，也非特指车道的外径，而是特指车辆外轮的行驶路径**。当消防车道的内径与消防车外轮划过路径的数值相等时，该车道的设计已足够满足消防车的通行需求，并有足够的空间余量。然而，若是在极限条件下，消防车道的外径与消防车外轮划过路径的数值相等，则可能存在一定的风

17

险。通常情况下，为确保安全性，车道设计会预留约两米的富余空间。

问题 28. 消防车道转弯半径的尺寸如何确定？

答：消防车最小转弯半径是指机动车回转时，当转向盘转到极限位置，机动车以最低稳定车速转向行驶时，外侧转向轮的中心平面在支承平面上滚过的轨迹圆半径。

消防车道转弯半径是能够保持消防车辆正常行驶与转弯状态下的弯道内侧道路边缘处半径。依据《车库建筑设计规范》《建筑防火通用规范》等相关标准要求，消防车道转弯半径，参考如下：

	消防车最小转弯半径	消防车道转弯半径
普通消防车	9.0m	7.0m
登高消防车	12.0m	10.0m
部分特种车辆	16.0~20.0m	13.5~17.5m

具体应用需满足当地要求。

问题 29. 基地内是否允许设置隐形消防车道？

答：《消防救援局关于进一步明确消防车通道若干措施的通知》（应急消〔2019〕334 号）文件中，明确规定**"不允许做隐形消防车道"**，要**"明确消防车通道的标识设置"**。

根据《消防救援局关于进一步明确消防车通道管理若干措施的通知》（应急消〔2019〕334 号）、《中华人民共和国道路交通安全法》和《道路交通标志和标线》（GB 5768）的有关规定，对单位或者住宅区内的消防车通道沿途实行标志和标线标识管理，标志和标线标识应符合下列规定：

（1）在消防车通道路侧缘石立面和顶面应当施划黄色禁止停车标线；无缘石的道路应当在路面上施划禁止停车标线，标线为黄色单实线，距路面边缘 30cm，线宽 15cm；消防车通道沿途每隔 20m 距离在路面中央施划黄色方框线，在方框内沿行车方向标注内容为"消防车道禁止占用"的警示字样。如下图所示。

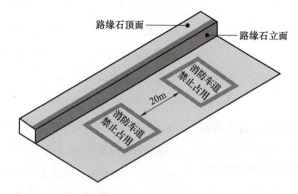

消防车通道路侧禁停标线及路面警示标志示例（有路缘石）

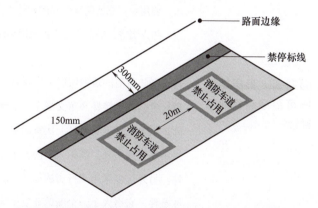

消防车通道路侧禁停标线及路面警示标志示例（无路缘石）

（2）在单位或者住宅区的消防车通道出入口路面，按照消防车通道净宽施划禁停标线，标线为黄色网状实线，外边框线宽20cm，内部网格线宽10cm，内部网格线与外边框夹角45°，标线中央位置沿行车方向标注内容为"消防车道禁止占用"的警示字样。

问题 30. 房间是否允许向楼梯间开门？

答： 风险逐级递减是所有安全疏散路径须遵行的基本准则，是安全疏散设计的基础。合理的疏散路径应为"**危险区域**

（房间）→次危险区域（疏散走道）→相对安全区域（疏散楼梯间或前室）→室外安全区域（建筑室外）"。

在疏散路径中，疏散走道作为缓冲空间，能有效保证疏散楼梯间和前室的安全性。除非是房间专用疏散楼梯的形式，其他房间疏散门不宜直接开向疏散楼梯间或前室，应通过疏散走道进入前室。

问题 31. 借区疏散时，可否采用防火卷帘等效替换防火墙？

答：对于 50 万 m^2 以下的建筑，只考虑一个着火点的前提下，对建筑进行防火分区的划分，一旦着火了，通过防火门、防火卷帘把火灾的危险性控制在一个区域里面，其他区域就比较安全。基于以上前提才能够借区疏散，对所借区域有更高的要求，要用更可靠的防火分隔的构件和方式，要用防火墙、防火门、防火窗等，因此不允许用故障率比较高的防火卷帘。

问题 32. 首层楼梯间可否穿越营业厅疏散？

答：消防疏散的疏散层级一定是从危险区到安全区，是越跑越安全的，把楼梯间定义成室内安全区，一定要让它直通室外，因为室外是安全区，比室内安全区的安全等级更高。如果不能直通室外，需扩大室内安全区直至满足直通室外的条件。另外可以采用步行街的模式，步行街有比较好的烟气扩散条件，它引入了一个新的亚安全区的概念。当楼梯不能直通室外的时候，通过步行街的亚安全区，进而疏散到室外也是可行的，但是亚安全区不是那么安全，对长度等方面也会有一定的限制。

问题 33. 公共建筑房间内部的门是疏散门吗，是否需要满足消防疏散最小 900mm 的净宽？

答：不需要。从概念和原理上来说，疏散门分为两种，一种是房间的疏散门，另一种指的是楼层的安全出口。房间的疏散门需要通往次安全区域，一般来说通往走廊，走廊既控制了可燃物的数量，而且两边的墙体也有耐火极限的要求，相对于房间而言，它是安全的。而安全出口要通往安全区。针对以上问题，房间内部的门并没有跨越危险层级，严格意义上来说不属于疏散门，但从功能性方面来说，有 900mm 净宽的要求。

问题 34. 子母门净宽如何计算？一框两门净宽如何计算？人防门可否兼做防火门？

答：子母门的净宽一定是减去门扇、门框宽度的疏散净宽，防火门需要有自动关闭的功能，平时属于常闭状态，此时只能按照母门来计算它的净宽，同时也需减去门扇、门框的宽度。倘若子门也具有闭门器，则可以按照整个门的宽度来计算。

所谓一框两门，指的是在一个人防墙上同时装两道门，一个门框装两道门，一道防火门，一道人防门。做一框两门时一定要注意防火门的开启方向，当防火门和人防门朝不同的方向开启的时候一般不会有冲突，倘若二者同一方向开启的时候就会有冲突。此时需装一副框，还要设很大的一个空间，因此会影响疏散宽度，还需要具体问题具体分析。

人防门是否能够兼做防火门，要从功能需求上来考虑。人防门有较大的自重，较难满足防火门自动关闭的要求，因此当需要用人防门来做防火门时，需要对防火门进行特殊定制，如带防火功能的人防门，防火性能能够满足耐火极限，同时需要注明平时锁闭，当作防火墙来用，且不能作为安全出口使用。

问题 35. 剧场观众厅、舞台是否属于无窗房间？

答：从安全角度出发，无窗房间之所以受到严格的要求，是因为其内部烟气扩散困难，火灾发生时不易被察觉。因此，在无窗房间的走廊上设置观察窗，以确保火灾发生时能够及时发现并采取相应的应对措施，就可以不把它定义成无窗房间。同样地，地库由于空间较大，便于观察火情，通常不被视为无窗房间。一些展厅或封闭的会议室，若采用玻璃门等透明结构，便于外部观察内部情况，则也不应被归类为无窗房间。

问题 36. 宿舍安全出口的宽度，仅是指首层安全出口的宽度还是每层疏散楼梯安全出口的宽度？

答：宿舍安全出口的宽度是指首层直通室外安全出口的宽度。这个问题是由于规范采用术语不严谨造成，规范组已经发布解释纠正：**楼梯净宽不应小于 1.2m，首层直通室外疏散门净宽 1.4m**，因为楼梯间只有 2m 宽，其他楼层安全出口宽度按照防火规范即可。安全出口一定对应安全区域的门，通向室内室外安全区域的都称为安全出口。宿舍规范只规定通往室外的为安全出口，进而与模糊的规范进行了混淆。

问题 37. 裙房部分距离主体进深 3.6m，同时出挑雨篷 1.3m，是否满足《建筑设计防火规范》第 7.2.1 条裙房进深不应大于 4m 的要求？

答：主体进深加出挑雨篷共同构成裙房进深，裙房进深大于 4m 不满足《建筑设计防火规范》第 7.2.1 条。规范限制裙房出挑长度，因为考虑到消防车进入场地的救援需求，如果出挑过长，会影响消防车救援臂的救援。雨篷如果出挑过长，也会影响消防车救援，造成遮挡，因此雨篷的长度也要计算到裙房总长度当中。规范图示中也标注雨篷在裙房长度中，不能超过 4m，否则会影响消防救援。

问题 38. 为何大空间可直接向楼梯间开门，而小房间不允许？

答：大空间可以直接向楼梯间开门而小房间却不允许，原因主要与疏散流程的概念有关。在疏散过程中，小房间被视为室内危险区，走廊则是次危险区，而楼梯间则属于室外安全区。如果室内危险区直接与室外安全区相连，那么在紧急情况下，室内危险区内的危险因素可能会波及室外安全区，从而威胁到整个疏散过程的安全。因此，为了确保疏散过程的安全，小房间的疏散需要经过走廊这一过渡区域，这样对于楼梯间的防火保护是有利的。

对于小房间的疏散，需要经历三个层级的疏散过程，这一点在规范条文中有所体现，即通过控制疏散距离来确保疏散层级。而对于大空间疏散，则属于两个层级的疏散过程。在两层疏散等级的建筑中，是不允许采用开敞楼梯进行疏散的，因为这样会直接威胁到楼梯间的安全。为此，应在楼梯间设置防火门，以防止火势蔓延，确保疏散过程的安全。

问题 39. 两座低层住宅建筑高度相同，防火间距为 3m，防火墙上开设了甲级防火窗，这样做可以吗？

答：这样做是不可以的。《建筑设计防火规范图示》（18J811—1）第 5.2.2 条注释 1 指出以下情况防火墙不允许开设门、窗、洞口：①两栋建筑防火间距不限，较高一面外墙的防火墙；②两栋一、二级耐火等级建筑防火间距不限，相邻两座建筑高度相同，相邻任意一侧外墙的防火墙，且屋顶的耐火等级大于 1h；③较低建筑为一、二级耐火等级建筑。两栋建筑防火间距不限，高于较低建筑 15m 及以下的防火墙。

《建筑设计防火规范》（GB 50016—2014）（2018 年版）第 5.2.4 条规定：**除高层民用建筑外，数座一、二级耐火等级的住宅建筑或办公建筑，当建筑物的占地面积总和不大于 2500m² 时，可成组布置，但组内建筑物之间的间距不宜小于 4m，**而项目中防火间距为 3m。

《建筑设计防火规范》（GB 50016—2014）（2018 年版）表 5.2.2 下注 3：**相邻两座高度相同的一、二级耐火等级建筑中相邻任一侧外墙为防火墙，屋顶的耐火极限不低于 1.00h 时，其防火间距不限。**

问题 40. 建筑间距不足时，是否可以用甲级防火门窗或防火卷帘来替换防火墙？

答：建筑防火间距如下图示意。防火间距不足时，不能用甲级防火门窗或防火卷帘来等效替换。

防火分隔要求逐级分隔，不同层级对应不同分隔构件（墙体与门窗的层级匹配）。甲级防火门窗并不能做到完全的等效：防火墙的耐火极限是 3h，而甲级防火门的耐火极限是 1.5h；防火隔墙的耐火极限是 2h，而乙级防火门的耐火极限是 1h。特级防火卷帘的耐火极限虽然能够达到 3h，但是由于防火卷帘的可靠性较差，因此也不能做等效替换。

	≥6m	与一、二级耐火等级建筑
	≥7m	与三级耐火等级建筑
一、二级耐火等级建筑	≥9m	与四级耐火等级建筑
	≥8m	与三级耐火等级建筑
三级耐火等级建筑	≥10m	与四级耐火等级建筑
四级耐火等级建筑	≥12m	与四级耐火等级建筑

建筑防火间距示意

按《建筑设计防火规范》（GB 50016—2014）：

（1）两座建筑物相邻较高一面外墙为防火墙或高出相邻较低一座一、二级耐火等级建筑物的屋面 15m 范围内的外墙为防火墙且不开设门窗洞口时，其防火间距可不限。

（2）相邻的两座建筑物，当较低一座的耐火等级不低于二级、屋顶不设置天窗、屋顶承重构件及屋面板的耐火极限不低于 1.00h，且相邻的较低一面外墙为防火墙时，其防火间距不应小于 3.5m。

（3）相邻的两座建筑物，当较低一座的耐火等级不低于二级，相邻较高一面外墙的开口部位设置甲级防火门窗，或设置符合现行国家标准《自动喷水灭火系统设计规范》（GB 50084—2017）规定的防火分隔水幕或防火规范第6.5.3 条规定的防火卷帘时，其防火间距不应小于 3.5m。

（4）相邻两座建筑物，当相邻外墙为不燃烧体且无外露的燃烧体屋檐，每面外墙上未设置防火保护措施的门窗洞口不正对开设，且面积之和小于等于该外墙面积的 5% 时，其防火间距可按本规范表 5.2.2 规定减少 25%。

（5）耐火等级低于四级的既有建筑物，其耐火等级可按四级确定；以木柱承重且以不燃烧材料作为墙体的建筑，其耐火等级应按四级确定。

（6）防火间距应按相邻建筑物外墙的最近距离计算，当外墙有凸出的燃烧构件时，应从其凸出部分外缘算起。

问题 41. 地下室风井、汽车坡道出入口与建筑的间距如何控制？

答： 对于地下室风井：若设备机房进排风管线与风井相连，并在连接口处布置防火阀，那么风井与建筑之间的距离不限（具体还是要依据各个省份的地标要求）。

若地下室顶部开天窗，那么天窗与建筑物之间要满足防火间距。对于平天窗，火灾热辐射影响范围主要朝上，对侧边建筑影响较小，因此一般间距按 6m 控制。对于侧天窗，火灾热辐射对侧边建筑物影响较大，因此要严格按照防火间距进行控制。

若在地下室旁设置玻璃采光窗，地下室一层设置侧窗，这种情况下，采光窗与建筑之间的距离不限，真正要控制的是地下室一层侧窗与上一层侧窗之间的距离，即层间洞口的控制。对于汽车坡道出入口，敞口形式或带玻璃雨篷形式的出入口都不需要控制与建筑之间的间距。

问题 42. 关于总平面布局的问题，A 座高层建筑高度 68m，B 座超高层建筑高度 180m，通过裙房相连通，审图公司认为 A 座建筑属于 B 座超高层建筑的一部分，建筑高度超过 50m 时也应设置避难层，这种考虑依据是什么？

答： 项目总图高度如下图示意。可以按底部连通的两栋建筑的各自高度分别考虑，B 座建筑高度 >100m，设置避难层，A 座建筑高度 <100m，可不设避难层。规范里面也有相应的规定，《建筑设计防火规范》（GB 50016—2014）（2018 年版）第 5.5.23 条：**建筑高度大于 100m 的公共建筑，应设置避难层（间）**；《建筑设计防火规范》（GB 50016—2014）（2018 年版）第 5.2.2 条表 5.2.2 注 6：**相邻建筑通过连廊、天桥或底部的建筑物等连接时，其间距不应小于本表的规定。**

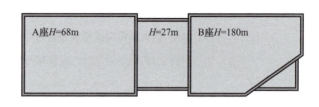

项目总图高度示意

问题 43. 地面机械停车位与建筑的间距如何控制？

答：地面机械停车位与建筑的间距控制与停车位的规模有关。浙江省对此做出了相关规定，以 10m 为限进行控制，10m 以下按停车场进行控制；10m 及以上按停车楼进行控制。

问题 44. 屋面天窗与建筑的间距如何控制？

答：屋面天窗与建筑间应保持 6m 的间距；若 6m 的间距不足以控制时，将窗户调整为防火窗。

问题 45. 单位院区内及住宅院区内汽车停车位与建筑的间距如何控制？

答：考虑到汽车噪声、尾气等的影响，住宅院区内汽车停车位与建筑之间按照 6m 的间距来控制（目前规范没有明确，具体有一定的争议）。特殊情况下，对于建筑附属停车位，例如救护车停车位等，可以不执行 6m 间距。

问题 46. 当建筑高度大于 250m 的高层民用建筑在其核心筒周围设置了环形疏散走道后，是否还需要在核心筒内的电梯厅出入口处采用防火门分隔？

答：当建筑高度大于 250m 的高层民用建筑在核心筒周围设置了环形疏散走道后，不要求在核心筒内的电梯厅出入口处设置防火门分隔，但如能在该部位设置甲级或乙级防火门，则可以进一步提高防止楼层上的火灾和烟气通过电梯竖井竖向蔓延的性能。

防火门分隔在高层建筑中仍是非常重要的，因为它们可以防止火势通过电梯厅等通道蔓延，保障疏散的安全和有效性。

问题 47. 建筑的地下或半地下区域与地上区域确需共用楼梯间时,可否在首层共用建筑直通室外的出口?

答: 除部分允许设置中庭的场所外,建筑的地下、半地下区域与地上区域实际上是两个不同的建筑空间,具有不同的设防标准。为保证建筑的地下区域与地上区域各自相对独立,防止人员在应急疏散过程中误入地上或地下,建筑的地上区域和地下区域不应共用楼梯间;确需共用楼梯间时,应在首层采用耐火极限不低于 2.00h 的防火隔墙和乙级防火门将地下或半地下区域与地上区域的连通部位完全分隔,使地下区域和地上区域的疏散楼梯出口位于不同位置,并尽可能直接通向室外。

因此,建筑的地下或半地下区域与地上区域确需共用楼梯间时,一般应分别直通室外,尽量不共用建筑在首层直通室外的出口。但如受条件限制,也不限制人员从楼梯间出来后在首层共用建筑直通室外的出口。此时,需要将首层用于人员疏散的区域按照扩大的封闭楼梯间或扩大的前室进行设防。建筑中地下区域与地上区域的疏散楼梯间在首层的分隔示意图如下图所示。

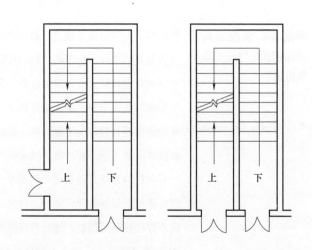

建筑中地下区域与地上区域的疏散楼梯间在首层的分隔示意图

问题 48. 中庭区域在首层是否需要设置防火分隔?

答: 从工程角度,根据《〈建筑设计防火规范〉实施指南》,当首层包括中庭的区域的建筑面积不大于一个防火分区的最大允许建筑面积时,首层的中庭开口处可以不进行防火分隔,但其上部各楼层的中庭周围仍需要进行防火分隔。

从规范角度,当中庭相连通的建筑面积之和大于一个防火分区的最大允许建筑面积时,应符合下列规定:

(1)中庭与周围连通空间应进行防火分隔。采用防火隔墙时,其耐火极限不应低于1.00h;采用防火玻璃墙时,其耐火隔热性和耐火完整性不应低于1.00h。采用耐火完整性不低于1.00h的非隔热性防火玻璃墙时,应设置自动喷水灭火系统进行保护;采用防火卷帘时,其耐火极限不应低于3.00h,并应符合规范的相关规定;与中庭相连通的门、窗,应采用火灾时能自行关闭的甲级防火门、窗。

(2)高层建筑内的中庭回廊应设置自动喷水灭火系统和火灾自动报警系统。

(3)中庭应设置排烟设施。

(4)中庭内不应布置可燃物。

问题 49. 大型游乐场如何优化地设置防火区域?

答: 对于大型游乐场而言,如何巧妙地规划防火区域是一项至关重要的工作。由于游乐场内往往包含众多异形空间,这些空间在设置防火分隔时面临着一定的挑战。如果简单地采用传统的防火卷帘、防火墙等措施,可能会对游乐场的功能布局和空间利用产生不利影响。因此,需要积极探索和引入新技术、新工艺、新材料,以期找到更为合适的解决方案。

一种可行的方法是设置防火隔离带。这种防火隔离带的设置原理类似于森林防火隔离带,其核心思想是确保隔离带区域内不存在任何可燃物。通过合理控制隔离带之间的间距,可以达到预期的防火要求。在此基础上,再配合其他消防措施,如喷洒系统等,就可以实现对防火区域的有效管理。这种防火隔离带相当于一种软分隔，与传统的防火卷帘、防火墙相比，具有更高的灵活性和适应性。

在实际操作过程中，对于一些特殊的大型项目，可能会出现不符合我国现行消防规范的情况。针对这种情况，可以考虑进行特殊消防设计，以满足项目的实际需求。这种特殊消防设计需要充分考虑项目的特点和挑战，力求在确保防火安全的前提下，最大程度地发挥游乐场的功能和空间价值。

总之，优化大型游乐场的防火区域设置，需要创新思维，积极探索新技术、新工艺、新材料。同时，还需要结合项目的实际情况，进行特殊消防设计，以确保游乐场的防火安全得到有效保障。在此基础上，还应注重消防设施的灵活性和适应性，以满足游乐场在日常运营中的各种需求。通过这些措施，可以为游客营造一个安全、舒适的游乐环境。

问题 50. 地下不靠外墙的封闭楼梯间、防烟楼梯间，超高层核心筒未直通屋面的封闭楼梯间、防烟楼梯间，是否需要设置常闭式应急排烟窗？

答：现行《建筑防火通用规范》（GB 55037—2022）提到，设置了机械加压送风系统并靠外墙或可直通屋面的封闭楼梯间、防烟楼梯间，在楼梯间的顶部或最上一层外墙上应设置常闭式应急排烟窗。因此，对于地下不靠外墙的封闭楼梯间、防烟楼梯间，超高层核心筒未直通屋面的封闭楼梯间、防烟楼梯间，不需要设置常闭式应急排烟窗。

问题 51. 连廊、外廊是否需要划分防火分区？外廊的面积是否计入防火分区的建筑面积？

答：建筑的外廊分为封闭式外廊、半封闭式外廊和开敞式外廊。

防火分区的概念是在建筑内部采用防火墙、楼板及其他防火分隔设施分隔而成，能在一定时间内防止火灾向同一建筑的其余部分蔓延的局部空间。因为内部是火灾危险区，需要在内部设置防火分区，控制火灾危险性。但是连廊、外廊不存在可燃物，其空间四面敞开，对于防烟火具有良好的性能，连廊、外廊不属于建筑内部空间，根据原理概念是不需要设置防火分区的。

建筑内防火分区的建筑面积一般按照建筑的自然楼层外墙结构外围的水平面积之和计算。因此，无论哪种形式的外廊，如果其用作封闭的外围护结构不是建筑的外墙，其面积均可以不计入相应楼层防火分区的建筑面积。

但是对于人员密集的场所，为保证火灾时相应疏散楼梯和疏散出口的宽度满足安全疏散的要求，在确定疏散人数时，仍应将这些外廊的建筑面积并入建筑中，按照相应的人员密度值密度计算总疏散人数。

例如，一座商店建筑某层的室内建筑面积为 2000m²，敞开式外廊的建筑面积为 200m²。在计算疏散人数时，就需要采用 2200m² 的建筑面积，按照相应的人员密度值来计算该层的总疏散人数，并据此确定相应的疏散走道和疏散楼梯的宽度。

问题 52. 剧场的舞台是否可以与观众厅划分为同一个防火分区?

答： 根据《剧场建筑设计规范》（JGJ 57—2016）8.1 节规定：**舞台区通向舞台区外各处的洞口均应设置甲级防火门或防火分隔水幕，运景洞口应设置特级防火卷帘或防火幕。** 根据《建筑设计防火规范》第 6.2.1 条和第 8.3.6 条规定：**剧场等建筑的舞台与观众厅之间的隔墙应采用耐火极限不低于 3.00h 的防火隔墙。** 舞台口宜设置防火分隔水幕或防火幕等。

从这些规定看，剧场的舞台与观众厅可以划分为同一个防火分区，但所采取的防火措施可以使舞台区和观众厅达到两个独立防火分区的防火效果。舞台与观众厅不能完全按照不同防火分区划分的原因，主要考虑到舞台和观众厅有时难以完全独立设置符合要求的安全出口等人员疏散设施，但火灾危险性差异较大，又确实需要进行防火分隔。

问题 53. 消防车道或兼作消防车道的道路有哪些要求?

答: 消防车道或兼作消防车道的道路设计时应注意以下几点:

(1)道路的净宽度和净空高度应满足消防车安全、快速通行的要求,消防车道的净宽度不应小于4m,以确保消防车辆的通行和操作空间。

(2)转弯半径应满足消防车转弯的要求,通常普通消防车的转弯半径为9m,登高车的转弯半径为12m,一些特种车辆的转弯半径为16~20m。

(3)路面及其下面的建筑结构、管道、管沟等,应满足承受消防车满载时压力的要求。

(4)坡度应满足消防车满载时正常通行的要求,且不应大于10%,兼作消防救援场地的消防车道,坡度尚应满足消防车停靠和消防救援作业的要求。

(5)消防车道与建筑外墙的水平距离应满足消防车安全通行的要求,位于建筑消防扑救面一侧兼作消防救援场地的消防车道应满足消防救援作业的要求。

(6)长度大于40m的尽头式消防车道应设置满足消防车回转要求的场地或道路。

(7)消防车道与建筑消防扑救面之间不应有妨碍消防车操作的障碍物,不应有影响消防车安全作业的架空高压电线。

问题 54. 消防车道与建筑之间是否允许设置高大树木或障碍物?

答: 依据《建筑设计防火规范》(GB 50016—2014)(2018年版)第7.2.2条规定:**场地与厂房、仓库、民用建筑之间不应设置妨碍消防车操作的树木、架空管线等障碍物和车库出入口**。《建筑防火通用规范》(GB 55037—2022)对于障碍物的界定做了优化,第3.4.5条规定:**消防车道与建筑消防扑救面之间不应有妨碍消防车操作的障碍物,不应有影响消防车安全作业的架空高压电线**。

具体障碍物的界定,以各地执行为准。例如:浙江省要求只要满足消防设施能够在建筑物 5m 内工作即可；广西壮族自治区要求救援口两侧 10m 之内不能够有障碍物；北京市要求消防车道与扑救面之间不能够有任何妨碍物。

问题 55. 如图门 FM1 应看作"合用前室外墙上的开口"，与入户花园的推拉门 TLM1 之间的水平距离不应小于 1m。这种理解是否正确？

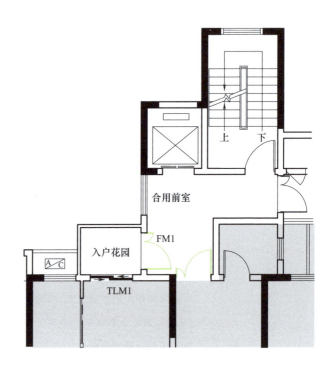

某建筑楼电梯合用前室平面图

答：《建筑设计防火规范》（GB 50016—2014）（2018 年版）第 6.4.1 条规定：**楼梯间应能天然采光和自然通风，并宜靠外墙设置。靠外墙设置时，楼梯间、前室及合用前室外墙上的窗口与两侧门、窗、洞口最近边缘的水平距离不应小于 1.0m。**

规范中合用前室门通常指向室外开的门，此问题处 FM1 为向套内开门，因此可按户门理解，与套型内推拉门的距离可不考虑大于 1m 间距要求。

问题 56. 建筑内中庭处采用防火卷帘进行防火分隔时，设计师将防火卷帘局部改为防火墙，在防火墙上开设为自动扶梯上的人员疏散使用的防火门。该设计是否可行？

答：该设计方法是可行的。设计图上需在相关说明或图纸索引中指出防火卷帘应设置延迟降落。延迟降落时长依据《防火卷帘》（GB 14102—2005）第 6.4.6 条中防火卷帘延迟降落要求。《防火卷帘》（GB 14102—2005）第 6.4.6 条规定：**安装在疏散通道处的防火卷帘应具有两步关闭性能。即控制箱收到报警信号后，控制防火卷帘自动关闭至中位处停止，延时 5~60s 后继续关闭至全闭；或控制箱接第一次报警信号后，控制防火卷帘自动关闭至中位处停止，接第二次报警信号后继续关闭至全闭。**

此问题各地审查力度不同，具体以当地消防审查为准。

问题 57. 直通室外的疏散门，能否算作自然排烟口面积？

答：《建筑防烟排烟系统技术标准》（GB 51251—2017）第 4.3.3 条规定：自然排烟窗（口）应设置在排烟区域的顶部或外墙，并应符合下列规定：当设置在外墙上时，自然排烟窗（口）应在储烟仓以内，但走道、室内空间净高不大于 3m 的区域的自然排烟窗（口）可设置在室内净高度的 1/2 以上，因此符合标准要求范围内的面积可以算作自然排烟口面积。

但各地对此条规定执行有所差异，应以当地图审单位意见为准。上海市《建筑防烟排烟系统设计标准》（DG/TJ 08—88—2021）中规定，扩大前室通向室外的疏散门面积是作为自然补风使用，不应计入开窗面积中；《河南省建设工程消防设计审查验收疑难问题技术指南》（2023 版）规定，当（合用）前室外门采用非自闭门时，可作为自然通风设施；《山东省建设工程消防设计审查验收技术指南（建筑防烟排烟及防火防爆）》规定，首层扩大前室除防火门、密闭门、气密门、被动门外，直接开向室外的门可作为自然通风开口，但除走道内任一点与疏散外门之间的水平距离不大于 30m 的走道外，其他场所不可将外门作为唯一排烟方式。

问题 58. 某项目楼梯间穿越走廊疏散，是否正确？

某项目楼梯间穿越走廊疏散

答：这种做法是错误的。由于楼梯间属于安全区，走廊属于次安全区，穿越走廊疏散违背了疏散路线的连续性。

《建筑防火通用规范》（GB 55037—2022）第 7.1.9 条规定：**通向避难层的疏散楼梯应使人员在避难层处必须经过避难区上下。除通向避难层的疏散楼梯外，疏散楼梯（间）在各层的平面位置不应改变或应能使人员的疏散路线保持连续**。疏散楼梯间的平面位置应确保人员在疏散过程中连续、畅通、快捷、安全。

问题 59. 某建筑地下楼梯与地上楼梯共用楼梯间时，二者之间的防火分隔门设置在地下室的半层平台处，是否正确？

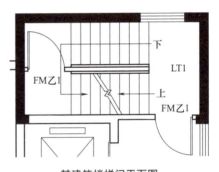

某建筑楼梯间平面图

答：此部分新旧规范有所不同，《建筑设计防火规范》（GB 50016—2014）（2018 年版）并无明确规定，《建筑防火通用规范》（GB 55037—2022）第 7.1.10-3 条规定：**地下楼层的疏散楼梯间与地上楼层的疏散楼梯间，应在直通室外地面的楼层采用耐火极限不低于 2.00h 且无开口的防火隔墙分隔**。因此图纸中地上与地下应完全分隔不允许设置防火门，防止疏散人员误入地上楼层或地下楼层。

问题 60. 同一建筑内有多台客、货电梯并列设置时，电梯井道之间是否需要设置具有一定耐火性能的分隔墙体？

答： 未设置防烟防火前室等防火措施的电梯井道，是建筑内导致火灾和烟气在竖向快速蔓延的主要通道之一，竖井之间未进行防火分隔将加大火灾和烟气蔓延的危害。因此，电梯井道应独立设置，同一建筑内并列设置多台客、货电梯时，井道之间、井道与相邻其他区域之间应采取防火分隔措施，且防火分隔墙体应具有不低于 1.00h 的耐火极限。

但此问题也存在争议，如此设置对消防有利，但是对电梯运行不利，因此并非强制，具体以当地消防审查为准。

问题 61. 与住宅地下室连通的地下、半地下汽车库，当人员疏散借用住宅部分的疏散楼梯，且不能直接进入住宅部分的疏散楼梯间时，应在汽车库与住宅部分的疏散楼梯之间设置连通走道，走道应采用防火隔墙分隔，汽车库开向该走道的门均应采用甲级防火门。该连通走道两侧防火隔墙的耐火极限应为多少？防火隔墙是否可以开门？

答： 在住宅建筑下部设置的汽车库，当汽车库内的人员需要借用住宅部分的疏散楼梯进行疏散，并需要通过走道与疏散楼梯间连接时，要求在汽车库进入该走道处设置甲级防火门，实际上就是使该走道成为一条连通至住宅部分疏散楼梯间的疏散走道。因此，该走道的耐火性能可以比疏散楼梯间防火隔墙的耐火性能低些，但不应低于疏散走道两侧墙体的耐火性能，即耐火极限不应低于 1.00h，燃烧性能应为 A级；在走道两侧的隔墙上可以开门，但宜采用乙级或甲级防火门。

问题 62. 老年人照料设施内的非消防电梯应采取哪种防烟措施？

答： 老年人照料设施是为老年人提供集中照料服务的设施，是老年人全日照料设施和老年人日间照料设施的统称，属于公共建筑。此类设施中使用人员的行为能力大多较弱，不少老人在火灾时还需要在他人的帮助下疏散，疏散所需时间也较其他建筑长。而火灾中的烟气又是火灾致人伤亡的主要因素，因此要尽量延迟火灾烟气蔓延至其他非着火区域或楼层，而在非消防电梯的入口部位采用防烟措施是一项较有效的措施，如下图所示。通常可以采取以下措施：

（1）参照消防电梯的设置要求，在非消防电梯前设置防烟前室。

（2）在非消防电梯前设置候梯厅，并采用防火隔墙和防火门或防烟密闭门等与其他区域分隔。

（3）在非消防电梯前一定范围内设置挡烟气幕，形成一个独立的防烟空间。

（4）在非消防电梯的周围采用下高度不小于层高 20% 的挡烟垂壁分隔为独立的防烟区域。

（5）在非消防电梯前设置开式阳台、廊或对流通风窗等。

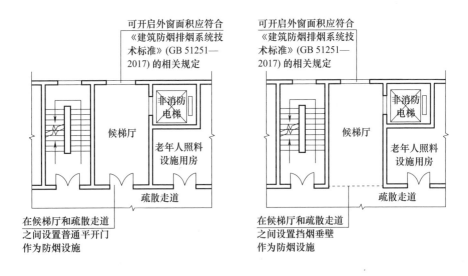

在非消防电梯前设置防烟设施示意图

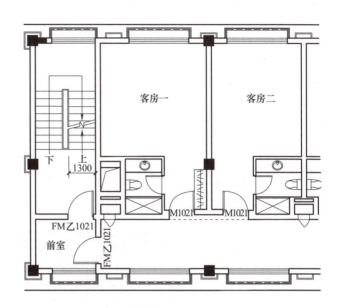

某高层旅馆建筑楼梯间平面图

图中标注：客房一、客房二、下、上 1300、FM乙1021、前室、FM乙1021、M1021、M1021

问题 63. 某高层旅馆建筑，设计师认为防烟楼梯间前室门及楼梯门的宽度应与梯段宽度相匹配，因此门宽 1000mm 应加大到 1300mm，是否合理？

答：前室门及楼梯间门的净宽应经计算确定，且不小于 900mm；以高层旅馆为例前室门及楼梯间门的净宽与梯段宽度的关系如下：

（1）计算疏散宽度 <900mm 时，前室门及楼梯门的宽度 900mm，梯段宽度 1200mm。

（2）计算疏散宽度 900~1200mm 时，前室门及楼梯门的宽度按计算值，楼梯段宽度 1200mm。

（3）计算疏散宽度 >1200mm 时，前室门、楼梯门及梯段的宽度均按计算值。

设计应注意门宽与走道、楼梯宽度的匹配。一般走道的宽度均较宽，因此，当以门宽为计算宽度时，楼梯的宽度不应小于门的宽度；当以楼梯的宽度为计算宽度时，门的宽度不应小于楼梯的宽度。

问题 64. 楼梯间构造选用了国家标准图集的木扶手，设计师认为木制品燃烧性能等级达不到 A 级，不能用于楼梯间。这种说法正确吗？

答：依据《建筑内部装修设计防火规范》（GB 50222—2017）第 3.0.1 条规定，装修材料共分为七类，楼梯扶手属于其他装修装饰材料，依据第 4.0.5 条规定，楼梯仅要求顶棚、墙面、地面这三类采用 A 级装修材料，扶手不在要求之列，因此可采用木制扶手。

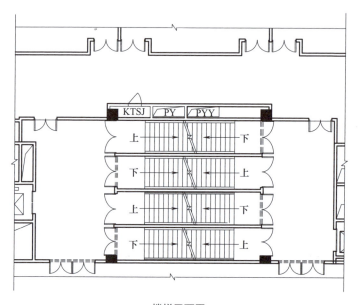

楼梯平面图

问题 65. 建筑的地上、地下均为商场时，地上、地下的楼梯间在首层共用了门厅。门厅宽度及直接对外的门的宽度需要考虑地上、地下疏散楼梯的叠加效应吗？

答：根据《火灾自动报警系统设计规范》（GB 50116—2013）规定，建筑发生火灾时，由于各楼层同时报警，根据消防设计原则，各层人员同时疏散，地下一层的人员与地上二层的人员理论上应同时到达首层共用门厅，按照《民用建筑设计统一标准》（GB 50352—2019）第 6.1.3 条规定：**多功能用途的公共建筑中，各种场所有可能同时使用同一出口时，在水平方向应按各部分使用人数叠加计算安全疏散出口和疏散楼梯的宽度**，因此门厅宽度及直接对外的门的宽度应考虑叠加效应。

问题 66. 避难走道
应当划分到哪个防火
分区？

答： 避难走道是指设置防烟设施且两侧采用耐火极限≥3h 的防火隔墙分隔，用于人员安全通行至室外的走道。避难走道和疏散楼梯间的作用类似，疏散时人员只要进入避难走道，就可视为进入安全区域。

根据《人民防空工程设计防火规范》（GB 50098—2009）第 4.1.2 条条文说明，**避难走道由于采取了具体的防火措施，所以它是属于安全区域，不需要划分防火分区。**

问题 67. 3 层地下车
库的剪刀楼梯作为 2
个安全出口分别划入
不同防火分区时，楼
梯仅划入一个防火分
区、只计算一次防火
分区面积，这种理解
对吗？

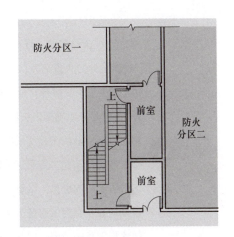

某地下车库剪刀楼梯平面图

答： 这种理解是不全面的。图中剪刀梯属于 2 部楼梯在同一空间内的叠加组合布置，因此剪刀梯斜线填充范围应计 2 次防火分区面积，此时防火分区一的面积+防火分区二的面积>防火分区一、二的外轮廓面积。

同时需要注意：剪刀梯作为 2 个安全出口时，中间的防火隔墙应按不同防火分区之间的防火墙理解，墙体下应设挑梁，不应设挑板（挑板耐火极限不满足 3.0h）。

问题 68. 某商业综合体中庭贯通至地下楼层，这种设计符合规范吗？

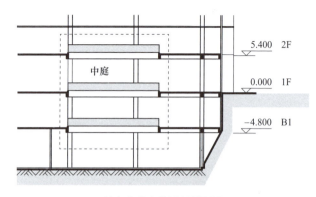

中庭

5.400 2F

0.000 1F

−4.800 B1

某商业综合体局部剖面图

答： 针对这一问题，现行规范并没有给出明确的直接规定，《建筑设计防火规范》（GB 50016—2014）（2018 年版）中第 5.3.2 条条文解释，虽然提到了中庭应当"首层直通到顶层"，但并未明确指出中庭是否可以设置在建筑的地下部分。然而，在实际的工程实践中，经常可以看到中庭贯通至地下楼层的设计案例。鉴于这种情况，建议在设计过程中提前咨询消防部门的意见，以确保设计方案的合规性和安全性。

规范的存在是为了服务于建筑设计，而不是成为限制建筑多样性和创新的障碍。因此，在实际操作中，建筑师和设计师应当充分利用规范中的灵活性，合理地解决具体问题，同时确保建筑的安全性和功能性。

问题 69. 汽车库坡道的面积是否计入汽车库的防火分区建筑面积？

答： 根据现行国家标准《汽车库、修车库、停车场设计防火规范》（GB 50067—2014）第 5.3.3 条规定：**除敞开式汽车库、斜板式汽车库外，其他汽车库内的汽车坡道两侧应采用防火墙**（实际上属于耐火极限不低于 3.00h 的防火隔墙）**与停车区隔开，坡道的出入口应采用水幕、防火卷帘或甲级防火门等与汽车停车区隔开；但当汽车库和汽车坡道上均设置自动灭火系统**（一般为自动喷水灭火系统或自动喷水—泡沫联用系统）时，**坡道的出入口处可不设置水幕、防火卷帘或甲级防火门。**

因此，汽车库坡道实际是一个独立于汽车库外的防火区域，平时无可燃物，其建筑面积可以不计入相应停车区内防火分区的建筑面积。

问题 70. 厂房或仓库能否与民用建筑合建？

答： 厂房和仓库不能与民用建筑合建。这是因为厂房、仓库的火灾危险性、占地面积、防火分区、安全疏散、消防设施等均有不同的要求，现行规范没有协调两者合建的相关条款，因此两者不宜合建。同时，民用建筑内也不应设置生产车间和其他库房，但民用建筑内可以附设部分附属库房，如直接为民用建筑使用功能服务，在整座建筑中所占面积比例较小，且内部采取了一定防火分隔措施的库房，如建筑中的自用物品暂存库房、档案室和资料室等。

在合建的情况下，必须符合相关规定和要求，例如民用建筑的地下室不宜作为库房使用，防火分区面积应按仓库确定。同时，如果经营、存放和使用甲、乙类火灾危险性物品的商店、作坊和储藏间需要附设在民用建筑内，应采用独立的单层建筑，并采取相应的防火分隔措施。

总之，厂房和仓库与民用建筑合建的情况需要根据具体情况进行评估和判断，但在大多数情况下，为了确保建筑的安全和规范，建议分别建设不同类型的建筑。

问题 71. 自然防烟的封闭楼梯间、防烟楼梯间顶部或者最高部位设置的外窗，设在最上一层半平台是否可行？还是必须设置在顶板梁底？

答：《建筑防烟排烟系统技术标准》（GB 51251—2017）第 3.2.1 条规定：**采用自然通风方式的封闭楼梯间、防烟楼梯间，应在最高部位设置面积不小于 $1.0m^2$ 的可开启外窗或开口。**

本条为强制性条文，一旦烟气侵入楼梯间，如果不能迅速有效地将其排出，将会对上层人员的疏散行动和消防队员的扑救进攻造成极大的威胁。根据烟气流动的规律和特性，在楼梯间的顶层部分设置一定面积的可开启外窗，可以有效地防止烟气在楼梯间内积聚，保持较好的疏散和救援条件。因此，保证烟气外排即可，外窗可以设置在最上层半平台处。

问题72. 某项目地下室总面积大于3000m²，局部楼层埋深超过10m，那么埋深不超过10m的楼层是否需要设置消防电梯？同一电梯井可以设置同样功能的两部或者多部以上的电梯吗？

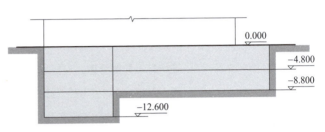

某项目地下室局部剖面图

答：《建筑防火通用规范》（GB 55037—2022）第 2.2.6-6 条规定：除轨道交通工程外，**埋深大于10m且总建筑面积大于3000m²的地下或半地下建筑（室）** 应设置消防电梯，且每个防火分区可供使用的消防电梯不应少于 1 部。对于地下室高差不同的情况原则上应整体考虑，如果防火分区沿高差划分，即不超过 10m 埋深的部分为单独防火分区，该防火分区可以不设置消防电梯。

依据防火要求，建筑内部的电梯均应各自独立设置，即便是同一种功能的电梯也不允许共用电梯井。

问题73. 建筑内部一些小房间如清洁间、工具间、管道检修间、强弱电间平时无人，如按照800mm净宽开门，影响功能布局，是否可以放宽要求？

答：门的最小净宽度不应小于 800mm，是为了确保在紧急情况下人员可以顺利疏散。对于清洁间、工具间、管道检修间、强弱电间平时无人的空间可以不按照净宽 800mm 考虑，但建议房间面积不大于 3m²。

问题 74. 无障碍通用规范要求无障碍通行线上的门开启后的净宽不小于 900mm，对于子母门，是否保证子母门完全开启后净宽不小于 0.9m 即可？

答： 依据《建筑与市政工程无障碍通用规范》（GB 55019—2021）第 2.5.4-1 条规定：**新建和扩建建筑的门开启后的通行净宽不应小于 900mm，既有建筑改造或改建的门开启后的通行净宽不应小于 800mm**；《公共建筑无障碍设计标准》（DB11/1950—2021）第 3.6.4-2 条规定：**新建和扩建建筑的门开启后的通行净宽不应小于 900mm，既有建筑改造或改建的门单扇开启后的通行净宽不应小于 800mm。设置双扇门时应保证其中一扇门开启后的通行净宽满足上述规定。**

因此在无障碍通行流线上的子母门中，应保证子母门中的母门（大扇）单扇开启后的通行净宽不小于 900mm，改造或改建项目门开启后的通行净宽不应小于 800mm。

问题 75. 某建筑标准层为一个防火分区，走廊两端布置疏散楼梯间，满足疏散距离要求。走廊内设置一道管理门，管理门应朝哪个方向开启？

答： 本方案走廊上的管理门可采用双向开启门。依据《建筑设计防火规范》（GB 50016—2014）（2018 年版）第 6.4.11-1 条规定：**民用建筑和厂房的疏散门，应采用向疏散方向开启的平开门。** 本方案中的平面房间、走廊以及楼梯间都位于同一个防火分区之内，两个楼梯间分别位于走廊的两侧，管理门实际上起到了通向安全出口的作用。因此，为了满足规范要求，管理门的开启方向必须符合上述条款的规定，确保在紧急情况下能够顺利地向疏散方向开启，以便人员迅速撤离。

问题 76. 轨道交通地下车站站厅、出入口通道与商业等非地铁功能场所之间的连通口应采取哪种防火分隔措施？

答： 地下车站站厅公共区与商业等非地铁空间的连通口依据《地铁设计防火标准》（GB 51298—2018）第 4.1.6 条规定：**在站厅公共区同层布置的商业等非地铁功能的场所，应采用防火墙与站厅公共区进行分隔，相互间宜采用下沉广场或连接通道等方式连通，不应直接连通。下沉广场的宽度不应小于 13m；连接通道的长度不应小于 10m、宽度不应大于 8m，连接通道内应设置 2 道分别由地铁和商业等非地铁功能的场所控制且耐火极限均不低于 3.00h 的防火卷帘。此**

处应注意防火卷帘应设置在 10m 长通道的两端。

在火灾紧急状况下，地铁站的出入口将充当站厅公共区域的疏散通道，其作用类似于建筑内的疏散楼梯。依据《地铁设计防火标准》（GB 51298—2018）的规定，为了防止火灾时的烟雾和火焰扩散，确保人员能够安全撤离，地下车站的出入口通道不得使用防火卷帘与非地铁功能区域进行分隔。同时，为了保障乘客安全，地铁站的出入口通道应避免直接与集中商业区等城市其他功能区域相连。在特殊情况下，如果必须与这些区域相连，设计时应设置防火隔间或下沉广场作为安全措施，以增强火灾时的安全防护。

问题 77. 某项目楼梯间直接通向敞开外廊，地下与地上完全分隔后通过同一个外廊是否正确？

答：敞开的外廊具有良好的散热和排烟功能，这使得烟气在经过该防火门时不会在门外聚集，从而不会对地面或地下空间产生任何负面影响。在这种情况下，可以视作地面和地下空间之间已经存在有效的防火分隔措施。因此，地面与地下空间完全分隔开来，可以通过同一个外廊进行疏散。

问题 78. 某改造项目地上 8 层办公、地下 1 层车库，疏散楼梯间在核心筒位置，首层采用扩大防烟前室时，防烟前室内无法直通室外的房间，其疏散距离是否按 30m 计算？

答：依据《北京市既有建筑改造工程消防设计指南》（2023年版）第 3.4.3 条规定：**楼梯间在首层直通室外确有困难时，可在首层采用疏散距离不大于 30m 的扩大的封闭楼梯间或防烟楼梯间前室进行疏散。除火灾荷载较小的使用功能区域及卫生间、登记室、行李间、商务室等附设房间外，门厅内不应设置其他使用功能及房间。**因此，可以在首层采用疏散距离不大于 30m 的扩大防烟楼梯间前室进行疏散，扩大前室内房间门到室外出口疏散距离不超过 30m。

该规定借鉴了公安部消防局在 2018 年发布的《建筑高度大于250 米民用建筑防火设计加强性技术要求（试行）》中的第六条，旨在应对超过 4 层的建筑，尤其是超高楼层建筑中，核心筒区域的疏散楼梯与门厅出口之间距离较远的挑战。在设计时，如果专门设置一条走道，可能会对门厅的正常使用造成不利影响。因此，在门厅或大堂内，可以设置一些附属房间，但这些房间如果配备防火门，可能会干扰日常使用。对于存放大量行李等易燃物品的房间，则必须安装防火门以提高安全性。这一措施的目的是为了在不牺牲日常使用便利性的同时，确保在火灾等紧急情况下人员的安全疏散。

首层扩大封闭楼梯间和防烟楼梯间前室示意图如下图所示。

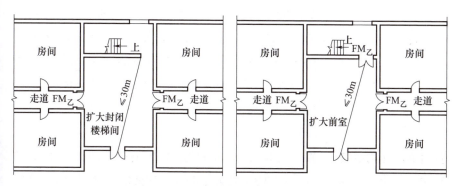

首层扩大封闭楼梯间和防烟楼梯间前室示意图

问题79. 原为办公的二类高层公共建筑原设计为封闭楼梯间，现将一部分功能改造为公寓，建筑变为一类高层公共建筑，按规范要求应设置防烟楼梯间。但工程中非改造区域（保持原办公功能不变），与改造区域（功能为公寓）共用竖向楼梯疏散。非改造区域的楼梯间如何解决消防问题？

答：根据《北京市既有建筑改造工程消防设计指南》（2023年版）第3.1.1条及第2.2.5条规定：建筑**使用功能发生变化的改造工程，应按照现行消防技术标准进行核对，并确定建筑分类和耐火等级；**建筑局部**改造工程的消防设计应对改造工程与相关非改造区域的安全疏散、消防设施等进行统一防火设计；改造工程不得对相关非改造区域的消防安全造成不利影响。**

因此，本项目建筑使用功能及分类已发生变更，改造区域与非改造区域的防火设计应保持一致性。改造区域与非改造区域均应依据相关法规和标准，确保满足一级耐火等级及防火性能等要求，设置防烟楼梯间及防烟前室。

问题80. 地铁地下车站是否需要设置自动灭火系统？

答：《建筑防火通用规范》（GB 55037—2022）第 8.1.9-11 条规定：除建筑内的游泳池、浴池、溜冰场可不设置自动灭火系统外，下列民用建筑、场所和平时使用的人民防空工程应设置自动灭火系统：**建筑面积大于 1000m² 且平时使用的人民防空工程。**

尽管地铁地下车站通常属于建筑面积超过 1000m²，并具备人防功能的空间，但相关规范明确指出，需要配备自动灭火系统的人民防空工程特指那些平时用于商业经营、办公、居住、群众文化体育活动等用途的人防工程。该规定并不涵盖那些同时具备人防功能的地铁车站站厅与站台。因此，当地铁车站同时承担人防工程的角色时，其站厅与站台无需安装自动灭火系统。

问题81.《建筑设计防火规范》（GB 50016—2014）（2018年版）第5.3.3条规定，防火分区之间应采用防火墙分隔，确有困难时，可采用防火卷帘等防火分隔措施分隔。可以局部采用防火玻璃墙分隔吗？

答：《建筑设计防火规范》（GB 50016—2014）（2018 年版）第 5.3.3 条条文说明规定：**防火分区之间的分隔是建筑内防止火灾在分区之间蔓延的关键防线，因此要采用防火墙进行分隔。如果因使用功能需要不能采用防火墙分隔时，可以采用防火卷帘、防火分隔水幕、防火玻璃窗（墙）或防火门进行分隔，但要认真研究其与防火墙的等效性。因此，要严格控制采用非防火墙进行分隔的开口大小。**

在采用防火玻璃墙进行防火墙局部开口分隔时，必须确保其能够有效阻止火灾向相邻建筑或相邻水平防火分区蔓延。此外，防火玻璃墙整体（包括防火玻璃及其固定框架等）必须构成不燃性墙体。所使用的防火玻璃应为隔热型防火玻璃（A 类），其应用尺寸不应超出认证检验所规定的尺寸，应符合相应部位防火墙的耐火极限要求，以达到与传统防火墙相等的防火构造标准。同时，应遵守《防火玻璃框架系统设计、施工及验收规范》（DB11/1027—2013）第 4.1.3 条的规定：除第 4.4.5 条提及的中庭与周围空间防火分隔的特殊做法外，**防火墙不应采用防火玻璃框架系统。**

需要注意的是，当建筑高度大于 250m 时，应遵循《建筑高度大于 250 米民用建筑防火设计加强性技术要求（试行》（公安部 57 号令）第三条第 6 款规定：**防火墙、防火隔墙不得采用防火玻璃墙、防火卷帘替代。**

问题 82. 住宅楼避难层合用前室，楼梯前室内是否能同标准层设置管井？

答：不允许，避难层应提高安全等级，应按技术标准进行防火分隔。

问题 83. 疏散走道与疏散通道的概念及区别是什么？

答：疏散通道是疏散时人员从房间内至房间门，从房间门至疏散楼梯，直至室外安全区域的通道。

疏散走道的概念比较严谨，适用于人员疏散通行至安全出口或相邻防火分区的走道。

一般而言，疏散通道是个广义的概念，既包括两侧和顶棚的围护结构均满足一定耐火极限的疏散走道，也包括按照设计文件在开敞区域指定的用于人员通行的两侧或顶棚未设置完全围护结构的通道。

为了对上述两类疏散通道在表述上加以区分，《消防应急照明和疏散指示系统技术标准》（GB 51309—2018）将两侧和顶棚设有围护结构且满足对应建筑耐火等级标准的疏散通道称为"疏散走道"；将两侧或顶棚未设置完全围护结构或达不到对应建筑耐火等级标准的疏散通道称为"疏散通道"。

问题 84. 风险区域划分与疏散路径确立的原则是什么？

答：风险区域的划分原则：

风险逐级降低是划分建筑内外各区域火灾风险等级的基本原则。依据火灾危险程度，可将建筑内外各区域的火灾风险等级分为 4 级：

（1）危险区域：包括室内功能房间等。

（2）次危险区域： 包括疏散走道等。

（3）室内安全区域： 也称为相对安全区域，包括防烟前室、疏散楼梯（间）、避难层、避难走道、符合疏散要求但需通过同一建筑中其他室内安全区域到达地面设施的上人屋面和平台等。

（4）室外安全区域： 包括室外地面、符合疏散要求并具有直达地面设施的上人屋面和平台、符合规范要求的天桥和连廊等。

疏散路径的确立原则：

（1）疏散路径的确立应确保风险逐级降低，以"危险区域"→"次危险区域"→"室内安全区域"→"室外安全区域"为基本原则。

（2）在疏散路径上，风险只能逐级递减。疏散路径的确立，以规避风险为基本原则，疏散路径的风险只能递减，不能从次危险区域进入危险区域（示例：疏散走道不能通过房间疏散），禁止从安全区域进入危险或次危险区域（示例：禁止从前室区域向疏散走道疏散）。

问题 85. 民用建筑、设备用房、汽车库之间是否允许借区疏散？

答： 在满足一定条件下，防火分区可利用通向相邻防火分区的甲级防火门作为安全出口，这就是借用安全出口。

借用安全出口的典型特征：疏散楼梯不属于本防火分区，人员疏散时，需要通过另一个防火分区的区域才能到达疏散楼梯间，疏散楼梯间所属的防火分区清晰明确。在借区疏散时应注意以下几点：

（1）汽车库不能利用通向相邻防火分区的甲级防火门作为安全出口。

（2）非汽车库自用的设备用房，不能利用通向汽车库的防火门作为安全出口，汽车库也不能利用通向设备用房的防火门作为安全出口。

（3）汽车库与民用建筑、设备用房之间不允许借区疏散。

（4）民用建筑与设备用房之间可以借区疏散（合规但不合理）。

（5）民用建筑与民用建筑之间可以借区疏散。

（6）设备与设备之间可以借区疏散（合规但不合理）。

（7）车库与车库之间不允许借区疏散。

问题86. 某高层住宅楼客厅上下层窗洞口之间外墙高度小于1.2m，该处设置耐火完整性不低于1.00h的防火窗，该外窗能否设置为可以开启？

答：《建筑防火通用规范》（GB 55037—2022）第6.2.3条规定：**在建筑外墙上水平或竖向相邻开口之间用于防止火灾蔓延的墙体、隔板或防火挑檐等实体分隔结构，其耐火性能均不应低于该建筑外墙的耐火性能要求。**《建筑设计防火规范》（GB 50016—2014）（2018年版）第6.2.5条规定：**除本规范另有规定外，建筑外墙上、下层开口之间应设置高度不小于1.2m的实体墙或挑出宽度不小于1.0m、长度不小于开口宽度的防火挑檐……当上、下层开口之间设置实体墙确有困难时，可设置防火玻璃墙，但高层建筑的防火玻璃墙的耐火完整性不应低于1.00h……外窗的耐火完整性不应低于防火玻璃墙的耐火完整性要求。**

问题处应为实体墙或设置防火挑檐，确有困难设置防火玻璃墙或外窗时，规范规定要求建筑构件（整体）应满足耐火完整性要求，因此，未设防火挑檐等措施的住宅建筑上下层开口之间1.2m范围内不应设置开启扇。

问题87. 办公建筑内的会议室，面积83m² 时，未注明人数且未布置会议桌，两疏散门往房间内开启是否正确？

答：根据《办公建筑设计规范》（JGJ 67—2006）第4.3.2-2条规定：**中、小会议室每人使用面积：有会议桌的不应小于2.00m²/人，无会议桌的不应小于1.00m²/人。**房间未注明人数且未布置座椅时，可按无座会议室计算人数：83/1=83（人）。根据《建筑设计防火规范》（GB 50016—2014）第6.4.11-1条规定：**除甲、乙类生产车间外，人数不超过60人且每樘门的平均疏散人数不超过30人的房间，其疏散门的开启方向不限。**因此每樘疏散门的疏散人数大于30人，门应向疏散方向开启。

问题88. 多层建筑可否采用剪刀楼梯作为两个安全出口?

答: 根据《建筑防火通用规范》(GB 55037—2022)第7.1.2条规定,建筑中的疏散出口应分散布置。

剪刀楼梯间是由两个独立的楼梯组合而成,也可称为叠合楼梯、交叉楼梯或套梯。该设计利用单一楼梯空间,在同一楼梯间内构建两个相互交叉且互不连通的疏散楼梯。通过设置防火隔墙,两个楼梯间被有效隔离,从而形成两个独立的疏散通道。因此,从原则上讲,将剪刀楼梯作为两个安全出口使用并不适宜。然而,在特定情况下,如当分散设置安全出口确实存在困难,并且从任一疏散门至最近疏散楼梯间入口的距离不超过10m时,可以考虑采用剪刀楼梯间作为解决方案。

问题89. 如何计算核心筒中两个安全出口的最近边缘水平距离?疏散楼梯间之间两个入口门的水平距离是否需要不小于5m?

答: 如下图所示,b 为核心筒中两个安全出口最近边缘的水平距离,e 为疏散楼梯间之间两个入口门的水平距离。当剪刀楼梯间共用同一前室时,不严格要求其两个入口门的距离 e 大于或等于5m。

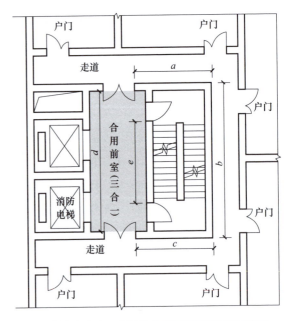

核心筒中安全出口之间的水平间距确定方法示意图

第三节　绿色建筑技术

问题 90. 住宅小区内配套公共建筑，施工图备案事后检查时是否需要单独进行绿色建筑评价？

答： 首先，对于那些独立的小型配套公共建筑，其建筑面积不超过 1000m²，并且其所占比例不超过整个小区总面积的 10%，这类建筑不需要单独进行绿色建筑评价，但必须执行现行的国家和北京市公共建筑节能的相关规范与标准。同时需要提交一份绿色建筑施工图设计集成表，这份表格应当包含在所在住宅小区或项目的绿色建筑设计文件中。

其次，与住宅建筑建设在一起的配套用房，例如住宅建筑底部的底商、物业管理用房、社区服务站以及住宅小区的地下车库等，这些也不需要单独进行绿色建筑评价，但需提交所在住宅小区或项目的绿色建筑施工图设计集成表。

不符合上述两种情况的配套公共建筑，即既不是独立的小型配套公共建筑，也不是与住宅建筑建设在一起的配套用房，则需要单独进行绿色建筑评价，必须遵循相关的绿色建筑评价标准，并且提交相应的绿色建筑评价报告和相关文件。

问题 91. 某项目已按照《建筑与市政工程防水通用规范》（GB 55030—2022）第 4.6.4 条在卫生间、浴室设置了防水层，是否还需要同时满足《绿色建筑评价标准》（DB11/T 825—2021）控制项第 4.1.6 条"墙面应设置防潮层"的要求？

答： 方案若未明确设置防水层以上墙面的防潮层做法，将导致墙面与顶棚、吊顶防潮层不闭合，不符合《绿色建筑评价标准》（DB11/T 825—2021）控制项第 4.1.6 条的规定。

（1）《建筑与市政工程防水通用规范》（GB 55030—2022）第 4.6.4 条规定：**淋浴区墙面防水层翻起高度不应小于 2000mm，且不低于淋浴喷淋口高度。盥洗池盆等用水处墙面防水层翻起高度不应小于 1200mm。墙面其他部位泛水翻起高度不应小于 250mm。**

（2）《绿色建筑评价标准》（DB11/T 825—2021）第 4.1.6 条规定：**卫生间、浴室的地面应设置防水层，墙面、顶棚应设置防潮层。**

（3）《住宅室内防水工程技术规范》（JGJ 298—2013）第5.2.1条规定：**为避免水蒸气透过墙体或顶棚，使隔壁房间或住户受潮气影响，导致诸如墙体发霉、破坏装修效果（壁纸脱落、发霉，涂料层起鼓、粉化，地板变形等）等情况发生，本规范要求所有卫生间、浴室墙面、顶棚均做防潮处理。**

设计说明和材料做法表应写明卫生间、浴室采用防水防潮材料名称、应用范围与相应部位的构造做法，防水层和防潮层设计及材料性能应符合相关规定。

问题 92. 新建建筑将自行车库（不含电动车）设在地下二层，满足《绿色建筑评价标准》（DB11/T 825—2021）的规定吗？

答：《绿色建筑评价标准》（DB11/T 825—2021）第6.1.4条规定：**自行车停车场所应位置合理、方便出入。**第6.1.4条条文说明中指出自行车停车场宜在地面设置。《绿色建筑设计标准》（DB11/938—2022）第4.4.6-1条规定：**非机动车停车场应便于步行者进出及利用公共交通，不应放在地下二层及以下。**《绿色建筑专项检查要点》和《北京市绿色建筑施工图设计要点》也有规定自行车停车场所不应设置在地下一层以下。

因此，将自行车库设在地下二层，违背了《绿色建筑评价标准》（DB11/T 825—2021）中关于自行车停车场所位置合理性的要求。只有自行车停放区域布局得当、便于进出，方能实现绿色出行与生活便捷，进而贯彻绿色发展理念。

问题 93. 双碳计划背景下，针对绿色建筑设计有哪些新的侧重？

答：国家标准《绿色建筑评价标准》（GB/T 50378—2019）中对绿色建筑做出定义：**在全寿命期内，节约资源、保护环境、减少污染，为人们提供健康、适用、高效的使用空间，最大限度地实现人与自然和谐共生的高质量建筑。**

建筑行业作为我国三大能源消费领域之一，能源消耗和碳排放量远超其他领域的平均水平。《中国建筑能耗研究报告

2020》指出，2018 年，建筑全过程能耗占全国能源消费总量的 46.5%，建筑全过程碳排放占全国碳排放的 51%。建筑碳达峰对于"双碳"目标的实现至关重要。被动式超低能耗建筑作为建筑行业的新业态，对其进行深入而广泛的研究，有助于推动建筑行业的绿色转型发展。

其中全寿命周期是超低能耗建筑碳排放计算中强调的点，所以在双碳背景下，需要从关注设计阶段转向对于建筑全寿命周期的关注和评价。

（1）设计前期：为了使碳排放分析在建筑设计过程中起到应有的作用，应在设计初期就做好能源消耗的策划工作。因此在实际工作中就要求：在设计的全过程中均可以快速、便捷地完成碳排放分析；模拟分析后所得的碳排放结果简单直观；模拟过程中使用的软件应做到简单、灵活操作。

借助 BIM 手段在设计初期进行建筑设计方案碳排放测算，设计阶段引入 BIM 软件作为建筑信息模型的平台，进行低碳与绿色建筑的节能减排的设计、布局。通过 BIM 软件进行能量分析，从设计初期就形成低碳策略模型。

（2）设计阶段：在设计阶段中，建筑师要依据碳排放量做出宏观的把控，分解碳减排目标，将之落实到具体的建筑设计工作上，例如建筑选材、建筑朝向、开窗面积、遮阳设计等因素对建筑项目碳排放的影响，综合把控建筑方案整体的碳排放量。在建筑设计中，应针对气候状况进行节能减碳设计，因地制宜运用节能减碳措施，从活动遮阳设计、屋顶绿化等方面进行节能设计。

（3）施工阶段：由于建材开采生产是建筑碳排放的最大来源，在工业化进程中研究和推广低碳材料是减少建筑业碳排放的一条重要途径。

（4）运行阶段：优化运行管理是一种行为节能措施，通过相关人员自身的行为达到节能的目的。通过合理选择室内参数及冷水机组运行策略、有效降低照明系统能耗、对建筑进行实时碳排放监测等手段达到低碳管理。

（5）使用可再生能源和未利用资源方面需要结合建筑节能去考虑，在设计中需充分考虑当地的资源条件。

问题94. 在绿色建筑的国家标准中，对绿色建筑评价有哪些要求？绿色建筑设计应遵循哪些原则？

答：《绿色建筑评价标准》（GB/T 50378—2019）中对绿色建筑的特点做了以下总则：

1.0.3 绿色建筑评价应遵循因地制宜的原则，结合建筑所在地域的气候、环境、资源、经济和文化等特点，对建筑全寿命期内的安全耐久、健康舒适、生活便利、资源节约、环境宜居等性能进行综合评价。

1.0.4 绿色建筑应结合地形地貌进行场地设计与建筑布局，且建筑布局应与场地的气候条件和地理环境相适应，并应对场地的风环境、光环境、热环境、声环境等加以组织和利用。

1.0.5 绿色建筑的评价除应符合本标准的规定外，尚应符合国家现行有关标准的规定。

概括来说，绿色建筑应有以下三个原则：

（1）健康舒适原则： 绿色建筑强调健康、舒适，体现人性化关怀，以用户需求为导向，注重无污染建材、良好通风与采光。

（2）简单高效原则： 绿色建筑建设需经济高效，能耗与资本最小化。设计简约，合理布局门窗，充分利用本地气候与自然资源，优先选用可再生资源。

（3）整体优化原则： 建筑作为地区重要部分，应与周边环境协调，追求环境效益最大化。设计核心在于规划建筑与周边生态均衡，实现社会与自然环境的统一，优化各要素配置，达到最佳效果。

问题 95. 基于《城乡建设领域碳达峰实施方案》，对于绿色建筑有什么新的要求？

答：城乡建设是碳排放的主要领域之一。随着城镇化快速推进和产业结构深度调整，城乡建设领域碳排放量及其占全社会碳排放总量比例均将进一步提高。因此制定了《城乡建设领域碳达峰实施方案》，其中对绿色建筑有以下新要求：

（1）**开展绿色低碳社区建设**：将绿色发展理念贯穿社区规划建设管理全过程，60% 的城市社区先行达到创建要求。

（2）**全面提高绿色低碳建筑水平**：到 2025 年，城镇新建建筑全面执行绿色建筑标准，星级绿色建筑占比达到 30% 以上，新建政府投资公益性公共建筑和大型公共建筑全部达到一星级以上。

（3）**建设绿色低碳住宅**：推行灵活可变的居住空间设计，减少改造或拆除造成的资源浪费。推动新建住宅全装修交付使用，减少资源消耗和环境污染。

（4）**推进绿色低碳建造**：优先选用获得绿色建材认证标识的建材产品，建立政府工程采购绿色建材机制，到 2030 年星级绿色建筑全面推广绿色建材。

（5）**提升县城绿色低碳水平**：开展绿色低碳县城建设，构建集约节约、尺度宜人的县城格局。充分借助自然条件、顺应原有地形地貌，实现县城与自然环境融合协调。

（6）**推进绿色低碳农房建设**：提升农房绿色低碳设计建造水平，提高农房能效水平，到 2030 年建成一批绿色农房，鼓励建设星级绿色农房和零碳农房。

问题 96. 绿色建筑标准体系内容有哪些？

答：如下图所示，《绿色建筑评价标准》（GB/T 50378—2019）是国家标准，也是母标准。不同类型建筑的评定标准不能使用但可以用于参考。

绿色建筑评价标准体系：

- 绿色建筑评价标准体系
  - 新建单体
    - 《绿色建筑评价标准》(GB/T 50378—2019)
    - 《绿色商店建筑评价标准》(GB/T 51100—2015)
    - 《绿色医院建筑评价标准》(GB/T 51153—2015)
    - 《绿色博览建筑评价标准》(GB/T 51148—2016)
    - 《绿色办公建筑评价标准》(GB/T 50908—2013)
    - 《绿色饭店建筑评价标准》(GB/T 51165—2016)
  - 既有建筑
    - 《既有建筑绿色改造评价标准》(GB/T 51141—2015)
  - 工业建筑
    - 《绿色工业建筑评价标准》(GB/T 50878—2013)
  - 区域
    - 《绿色生态城区评价标准》(GB/T 51255—2017)
    - 《绿色校园评价标准》(GB/T 51356—2019)

绿色建筑评价标准体系

问题 97. 什么是光气候?

答： 光气候是指由**太阳直射光**、**天空漫射光**和**地面反射光**形成的天然光平均状况，如下图所示。其中，太阳直射光是指太阳光穿过大气层，直接投射到地面的光，太阳直射光照度大、有方向，会在物体背后形成阴影；天空漫射光是指太阳光穿过大气层时，碰到大气层中空气分子、灰尘、水蒸气等微粒，产生多次反射，形成天空扩散光，天空扩散光使天空具有一定的亮度，无方向、不形成阴影；地面反射光是指太阳直射光和天空扩散光射到地面后，经地面反射，并在地面和天空之间产生多次反射，使地面和天空的亮度都有所增加，这部分称为地面反射光。

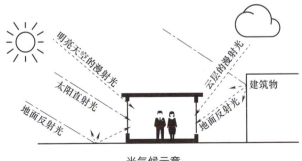

光气候示意

问题 98. 常见的建筑天然采光的设计方法有哪些?

答：为了提高和改善建筑室内的天然采光效果，可以采用各种技术方法和实施途径，下列为一些常见的设计方法：

（1）从顶部引入天然光：通过设计天窗等方式将天然光线自上而下引入室内，采光效果自然，这种方式在现代建筑设计中经常采用。但顶部采光时需注意直射阳光会对一些工作场所产生直射光线，或是产生强烈的眩光，由此而来的热辐射也会影响室内环境。

（2）从侧面引入天然光：根据窗的位置，侧面采光可以分为单向采光和双向采光、高侧窗采光和低侧窗采光。相比而言，双向采光更能保证室内采光的均匀度；低侧采光照度均匀度较差，而高侧采光有利于光线射入房间较深部位，提高照度均匀度。

（3）导光管：用导光管将太阳集光器收集的光线传送到室内需要采光的地方，很多项目的地下室采光都是通过导光管的方式。导光管通常可以布置在屋顶、建筑侧墙、路面和绿化带中。

（4）采光搁板：采光搁板主要是为了解决大进深房间内部的采光效果。它的入射口起聚光作用，一般由反射板和棱镜组成，设在窗的顶部；与其相连的传输管道截面为矩形或梯形，内表面具有高反射比反射膜，通常设在房间吊顶的内部，尺寸大小可与管线／结构等相配合。

（5）导光板：在侧窗上部安装镜面反射装置，阳光反射到达顶棚再利用顶棚的漫反射作用将自然光反射到房间内部。

（6）棱镜窗：利用棱镜的折射作用改变入射光的方向，使太阳光射到房间深处，由于棱镜的折射作用可以使建筑间距较小时获得更多的阳光。

（7）遮阳：通过不同的遮阳形式可以把太阳光折射到围护结构内表面上，增加天然光的投射深度，保证室内人员与外界的视觉沟通以及避免工作区亮度过高；同时也能起到避免太阳直射的遮阳效果，降低太阳辐射。

问题 99. 我国的光气候如何分区？

答：我国地域辽阔，天然光状况相差甚远，目前光气候分区的依据是我国近 30 年气象资料取得的 273 个站的年平均照度情况，根据年平均室外照度的不同共分为五类光气候区。具体可参考《建筑采光设计标准》（GB 50033—2013）附录 A 中的"中国光气候分区图"。

其中，I 区的天然采光条件最好，V 区最差。在进行建筑采光设计时，以北京所在的第 II 类光气候区的室外设计照度值定为 15000lx，以此为基准规定了采光系数标准值，其他光气候区用光气候系数 K 值进行修正。《建筑采光设计标准》（GB 50033—2013）相关标准如下：

3.0.4 各光气候区的室外天然光设计照度值应按表 3.0.4 采用。所在地区的采光系数标准值应乘以相应地区的光气候系数 K。

表 3.0.4　光气候系数 K 值

光气候区	I	II	III	IV	V
K 值	0.85	0.90	1.00	1.10	1.20
室外天然光设计照度值 E_s/lx	18000	16500	15000	13500	12000

问题 100. 什么是光污染？如何在建筑设计阶段对光污染进行防治？

答：光污染是一种因过量光辐射而对人类生活及生产环境产生负面效应的现象。依据国际分类标准，光污染主要包括**白亮污染**、**人工白昼污染**以及**采光污染**三大类型。具体而言，建筑设计阶段，因阳光直射强烈，玻璃幕墙与磨光大理石表面所引发的反射光线，归类为白亮污染；而夜间商场、酒店等场所的广告灯光源所产生的强烈光束，则属于人工白昼污染的范畴。

光污染的产生，主要源于以下几个方面：

（1）泛光照明亮度超出合理范围。部分建筑在外墙泛光照明设计中，为追求更佳的照明效果，过度使用像素灯沿幕墙线条布局，从而导致了严重的光污染问题。这背后反映出对光污染问题重视不足，以及建筑外立面照明管理缺乏有效控制的现状。

（2）玻璃幕墙的广泛应用。从光反射系数的视角来看，镜面玻璃的光反射系数显著高于绿色草坪及毛面砖墙结构，甚至超出80%。因此，镜面玻璃所产生的反射光对环境构成了较为严重的危害。当前，多数商用建筑，如写字楼等，外墙均采用玻璃幕墙设计，导致有害光线反射或投射现象显著，加剧了光污染问题。

（3）泛光灯的使用。泛光灯的设置同样可能引发强烈的二次光污染，其反射光线对周边环境及路面交通等造成显著影响。

在建筑设计过程中，可采取以下措施对光污染进行有效控制：

（1）降低建筑物表面（如玻璃、涂料等）的可见光反射比。具体而言，幕墙采用的玻璃其可见光反射率应控制在20%以内，同时建议采用具有漫反射特性的金属材料。

（2）针对弧形建筑造型的玻璃幕墙，建议采取相应措施以减少反射光的影响。

（3）在建筑东、西向尽量避免设置连续的或大面积的玻璃幕墙，特别是应避免其正对敏感建筑物的外墙窗口。

（4）对玻璃幕墙反射光环境进行专项评估与监测。

（5）建筑室外夜景照明设计应符合《城市夜景照明设计规范》的相关规定，避免过度使用泛光灯、霓虹灯、LED灯等光源进行装饰照明。

问题 101. 什么是不舒适眩光？室内采光设计时有哪些防治措施？

答：不舒适眩光是指**由于光亮度的分布不适宜，或在空间或时间上存在着极端的亮度对比，以致引起不舒适的视觉条件**。通常进行天然采光计算时考虑的不舒适眩光特指由窗引起的不舒适眩光。在室内采光设计时，建议采取下列措施减小窗的不舒适眩光：

（1）作业区减少或避免直射日光。

（2）工作人员的视觉背景不宜为窗口。

（3）可采用室内外遮挡设施。

（4）窗结构的内表面或窗周围的内墙面，宜采用浅色饰面。

问题 102. 什么是建筑适变性？如何理解适变性？

答：建筑适变性包括建筑的**适应性**和**可变性**。适应性是指使用功能和空间的变化潜力，可变性是指结构和空间的形态变化。除走廊、楼梯、电梯井、卫生间、厨房、设备机房、公共管井以外的地上室内空间均应视为"可适变空间"，有特殊隔声、防护及特殊工艺需求的空间不计入。此外，作为商业、办公用途的地下空间也应视为"可适变的室内空间"，其他用途的地下空间可不计入。

适变是更长时间跨度的资源节约，是耐久性的体现，很多建筑被拆除不是因为寿命到期，而是因为功能不再满足使用需求。

问题 103. 建筑规划布局应满足日照标准，在进行项目设计时有哪些要点？

答：建筑规划布局要点如下：

（1）建设项目应在满足规定间距要求的情况下，对日照状况进行日照模拟核算，使之达到相关标准中有关建筑及场地的日照要求。

（2）除自身满足日照相关标准要求外，建筑布局还应兼顾周边，减少对相邻的住宅、幼儿园、老年人照料设施等有日照标准要求的建筑产生不利的日照遮挡。

（3）对于新建项目的建设，应确保周边建筑继续满足有关日照标准的要求。

（4）对于改造项目分为两种情况：本项目改造前，周边建筑满足日照标准的，应保证其改造后仍符合相关日照标准的要求；本项目改造前周边建筑未满足日照标准的，改造后不可再降低其原有的日照水平。

（5）若场地内建筑及周边建筑没有相关日照标准要求，则符合城乡规划的要求即可判定达标。

问题 104. 改善建筑风环境的措施有哪些?

答： 建筑风环境是建筑设计和城市规划中不可忽视的重要因素，它直接关系到建筑的性能、能耗、舒适性以及安全性。改善建筑风环境的措施主要有以下几点：

（1）建筑主要出入口避开冬季主导风向，通过设置防风墙或板、防风带等挡风措施阻隔冬季冷风，改善风环境。

（2）降低小区内行人高度的风速，避免放大系数过大，减小建筑物前后压差。

（3）建筑之间保持适当的距离，或通过设置过街楼等措施，提高夏季和过渡季的自然通风。

（4）微风通道，即运用廊道原理，改善区域通风环境和热岛效应。微风通道的设置应结合当地风玫瑰图及用地周边生态环境（如公园、湿地、河道绿地系统等）合理确定微风通道走向和宽度。同一微风通道穿越不同地块必须保持直线，以保证畅通。微风通道内不宜布置建筑，应当选择设置绿地、广场、步道或休憩设施等。

问题 105. 项目布局对室外风场有何影响?

答： 风环境受到多方面因素的综合影响，包括**建筑朝向、裙房布局、建筑间夹角**等。

（1）建筑朝向对风环境的影响： 以某实验为例，在 SW10°到 SW15°范围内居住小区建筑的平均风速有较大起伏。无论是夏季还是冬季，小区内部平均风速在正南向的数值均较大。采用 Weather Tool 工具，计算出有着相对均衡且适宜的热辐射建筑朝向。由结果可知，基于热辐射的考虑，在平面规划布局上小区建筑的最佳朝向为 SE25°。

（2）裙房布局对风环境的影响：居住小区内部建筑迎风面在夏季环境下有较为通透的风场，且连续性较高。风场内部平均风速随着不断增加的高度也在不断增加。当裙房高度为 16m 时，建筑有大面积连续的迎风面，且下风位置的角流区风速较大，而小区的平均风速随这些较大的风速而增加，并且平均风速变化较不规则。风场在冬季环境下稳定性较强，平均风速随着不断增加的高度而逐渐变小。对比四边有裙房的情况可知，在东南方有裙房时，对风环境的影响与西北向有裙房时对风环境的影响相似，建筑内部风环境均比四边有裙房的好。

（3）建筑间夹角对风环境的影响：当开口角度为 60°时，建筑风影区风速比平均值最大，建筑迎风面风速比受布局影响减弱，中心线出口风速比低于 90°~150°开口角度下的风速比，表明开口角度为 60°时的布局形式有利于形成良好的室外风环境，在实际规划设计中宜采用开口角度为 60°时的建筑布局形式。

问题 106. 室外风场不达标时，如何进行优化？

答：风环境问题涉及行人的舒适、安全以及建筑的功能设计是否合理等。一般在室外风环境模拟不达标的情况下，所采取的室外风环境优化设计措施包括以下几部分：

（1）采用附加源/汇方法，对建筑周围区域种植植物，起到挡风效果。

（2）在建筑转角处设置遮风板，以及使建筑边角圆润化以此达到削弱边角风强度，降低道路周边人行区域风速。

（3）选取合适的建筑朝向，合理控制布局形式，减少风场环境对舒适度的影响。

问题 107. 交通噪声对同一建筑的不同楼层有什么影响？声屏障对噪声的减弱有什么影响？

答： 在一定高度内，楼层越低，受外界噪声影响越大，楼层越高受噪声影响越小，但到一定高度后，又会出现升高再下降的趋势，主要是因为受地面衰减幅度减少造成。声屏障对噪声有一定的减弱能力，其具体特性和声屏障材质的形状、吸声系数、高度、厚度都有关。一般 3~6m 高的声屏障，其声影区内降噪效果在 5~12dB。对于不同楼层的建筑，也应根据实际情况采取不同的声屏障应对策略：

（1）折板式声屏障，相对于仅在路堑设置声屏障方案的降噪效果，高层（5~7 层）可改善 1~2dB（A）。

（2）封闭式声屏障比折板式声屏障总体降噪效果更好，即便对折板式声屏障采取组合设计，在高层的降噪效果相比封闭式声屏障仍有较大差距。

（3）不同形式的封闭式声屏障降噪效果不同，需根据道路宽度、临街建筑物的高度和距道路的距离等实际情况进行设计预测。

问题 108. 声环境性能不达标时，如何进行设计优化？

答： 一般来说有两种方式减少噪声：一是通过降低噪声源噪声的方式，来降低评价建筑的环境噪声；二是增加隔声降噪的措施。

（1）从源头消减噪声，可考虑城市交通管制，限流、优化道路体系等手段，例如：弯曲的道路可以有效降低车辆的速度，进而减弱噪声，削弱噪声的源头。另外，对于小区内而言，还可通过一系列物业管理规定进行优化，例如限定空调室外机、机房、水泵房的位置等。

（2）从增加降噪措施而言，一方面可通过设置声屏障（例如居民区降噪声屏障、城市景观声屏障、公路声屏障、铁路声屏障）、围墙、绿化（栾树、法桐、银杏、合欢等）进行优化，以及针对固定噪声源做减振降噪措施等，其中声屏障是降低地面运输噪声的有效措施之一。另一方面，可对建筑本身围护结构的材料进行优化设计，例如针对噪声较大的区域，需在相邻的建筑上使用隔声外窗等。

问题 109. 室内背景噪声计算时主要考虑哪些影响因素？

答： 主要考虑影响因素有：室外环境噪声、围护结构的隔声性能（包括门窗组合墙、孔洞缝隙、房间内饰面材料的吸声系数、房间的几何形状和尺寸）、建筑内的噪声源，如临近的机房、电梯房、室内空调等设备噪声。

我国现行国家标准《声环境质量标准》（GB 3096—2008）按区域的使用功能特点和环境质量要求，将声环境功能区分为五种类型，分别规定了各类区域的室外环境噪声限值，见下表。

各类区域的室外环境噪声限值表

类别		区域		时段	
				昼间 /dB（A）	夜间 /dB（A）
0 类		康复疗养区等特别需要安静的区域		50	40
1 类		以居民住宅、医疗卫生、文化教育、科研设计、行政办公为主要功能，需要保持安静的区域		55	45
2 类		以商业金融、集市贸易为主要功能，或者居住、商业、工业混杂，需要维护住宅安静的区域		60	50
3 类		以工业生产、仓储物流为主要功能，需要防止工业噪声对周围环境产生严重影响的区域		65	55
4 类	4a 类	交通干线两侧一定距离之内，需要防止交通噪声对周围环境产生严重影响的区域	高速公路、一级公路二级公路、城市快速路城市主干路、城市次干路、城市轨道交通（地面段）、内河航道两侧区域	70	55
	4b 类		铁路干线两侧区域	70	60
各类声环境功能区夜间突发噪声，其最大声级超过环境噪声限值的幅度不得高于15dB（A）					

问题 110. 住宅分户墙隔声一般采用什么措施？

答： 隔声对住宅非常重要，它直接关系到居住者的生活质量。住宅分户墙隔声一般采取以下措施：

（1）质量密实的墙体结构： 采用混凝土或砖石等密实的材料

建造墙体，以减少声音的传递。

（2）**隔声层**：在墙体内部添加隔声层，如隔声棉、隔声板或隔声石膏板，这些材料具有吸声和隔声的特性，可以阻碍声音的传播。

（3）**缝隙处理**：处理墙体的缝隙和接缝，以减少声音的泄漏。使用密封胶或密封条填充缝隙，确保墙体的完整性。

（4）**衰减材料**：在墙体内部添加衰减材料，如吸声板、吸声砖等，能够吸收和消散声音能量，减少声音反射和共鸣。

（5）**隔声门窗**：选择具有隔声性能的门窗，如双层玻璃窗、密封窗等，以避免声音通过门窗进入室内。

（6）**空气间隙**：在墙体之间设置一定的空气间隙，这样可以有效地减少声音的传递。

问题 111. 绿色建筑如何在设计中有效避免建筑围护结构表面产生结露现象？

答：热桥部位的内表面温度规定要求，主要是防止冬季供暖期间热桥内外表面温差小，内表面温度容易低于室内空气露点温度，造成围护结构热桥部位内表面产生结露，使围护结构内表面材料受潮、长霉，影响室内环境。

为避免结露现象产生，通常建议采用外保温措施覆盖住整个外墙面，并有效控制室内湿度，对于门窗口四周侧壁也应注意妥善保温，避免此处热量过多散失，至于铝窗框的热桥问题，可以通过在窗框内设置断热条的方法解决。

问题 112. 声环境的保障措施有哪些？

答：声环境的保障措施主要包括以下几个方面：

（1）**城市规划**：在城市规划和建筑布局上要有合理的安排，优化建筑选址，远离噪声源。

（2）**噪声源控制**：通过采取优化布局、动静分区、集中排放、使用减振降噪措施并加强维护保养，也可以采用同层排水或其他措施降低排水噪声。

（3）**隔声和吸声材料**：设置隔声屏、绿化带降低噪声、采用低噪声设备、轻钢龙骨隔断填充隔声材料、地板设置隔声垫、设备层、机房采取合理的隔振和降噪措施。

《绿色建筑评价标准》（GB/T 50378—2019）对声环境做出以下要求：

5.1.4A　建筑声环境设计应符合下列规定：

1. 场地规划布局和建筑平面设计时应合理规划噪声源区域和噪声敏感区域，并应进行识别和标注；

2. 外墙、隔墙、楼板和门窗等主要建筑构件的隔声性能指标不应低于现行国家标准《民用建筑隔声设计规范》（GB 50118）的规定，并应根据隔声性能指标明确主要建筑构件的构造做法。

问题 113. 如何满足采光需求？有哪些具体措施？

答：《建筑采光设计标准》（GB 50033—2013）对不同采光等级的采光标准值提出以下要求：**3.0.3 各采光等级参考平面上的采光标准值应符合表 3.0.3 的规定。**

表 3.0.3　各采光等级参考平面上的采光标准值

采光等级	侧面采光		顶部采光	
	采光系数标准值（%）	室内天然光照度标准值 /lx	采光系数标准值（%）	室内天然光照度标准值 /lx
I	5	750	5	750
II	4	600	3	450
III	3	450	2	300
IV	2	300	1	150
V	1	150	0.5	75

为满足采光需求，采取的措施主要有：

（1）合理建筑布局，避免遮挡。

（2）优化建筑立面，合理开窗。

（3）优化建筑平面，避免大进深房间。

（4）采用导光筒反光板等装置。

（5）合理设置遮光措施。

（6）合理设置内墙面颜色。

（7）合理设置照明灯具。

问题114. 节约能源的措施有哪些?

答:《建筑节能与可再生能源利用通用规范》（GB 55015—2021）对建筑节能做出以下规范:

2.0.1　新建居住建筑和公共建筑平均设计能耗水平应在2016年执行的节能设计标准的基础上分别降低30%和20%。不同气候区平均节能率应符合下列规定:

1. 严寒和寒冷地区居住建筑平均节能率应为75%。

2. 除严寒和寒冷地区外,其他气候区居住建筑平均节能率应为65%。

3. 公共建筑平均节能率应为72%。

建筑节能措施主要有:

（1）优化建筑围护结构的热工性能。

（2）能耗分项计量,建立能耗在线监测系统。

（3）采光区域的人工照明随天然光照度变化自动调节。

（4）照明设备、水泵、风机等设备满足节能评价值要求。

（5）结合当地气候和自然冷源合理利用可再生能源。

问题115. 不同类型建筑装饰性构件造价有哪些规定?

答:《绿色建筑评价标准》（GB/T 50378—2019）对不同类型建筑的装饰性构件提出规定:

7.1.9　建筑造型要素应简约,应无大量装饰性构件,并应符合下列规定:

1. 住宅建筑的装饰性构件造价占建筑总造价的比例不应大于2%。

2. 公共建筑的装饰性构件造价占建筑总造价的比例不应大于1%。

另外，装饰性构件造价比例计算应以单栋建筑为单元，各单栋建筑的装饰性构件造价比例均应符合比例要求。分子为各类装饰性构件造价之和，分母为单栋建筑的土建、安装工程总造价，不包括征地等其他费用。

标准鼓励使用装饰和功能一体化构件，在满足建筑功能的前提之下，体现美学效果、节约资源。同时，设置屋顶装饰性构件时应特别注意鞭梢效应等抗震问题。对于不具备遮阳、导光、导风、载物、辅助绿化等作用的飘板、格栅、构架和塔、球、曲面等装饰性构件，应对其造价进行控制。

问题 116. 装配式建筑评价等级是如何划分的?

答：《装配式建筑评价标准》(GB/T 51129—2017)关于装配式建筑评价等级规定如下：

5.0.2　装配式建筑评价等级应划分为 A 级、AA 级、AAA 级，并应符合下列规定：

1. 装配率为 60%~75% 时，评价为 A 级装配式建筑。

2. 装配率为 76%~90% 时，评价为 AA 级装配式建筑。

3. 装配率为 91% 及以上时，评价为 AAA 级装配式建筑。

问题 117. 建筑节能设计时，建筑面积的统计方式有哪些? 通常适用于什么情况?

答：建筑节能设计时，建筑面积的统计方式一般有以下几种：

(1) 按照外墙主体层中轴线围合成的面积进行统计，目前夏热冬暖地区进行建筑节能设计时通常采用此方法。

(2) 按照外墙主体层外轮廓线围合成的面积进行统计，该方法与建筑施工图纸统计面积方法一致。

(3) 按照外墙主体层内轮廓线围合成的面积进行统计，该方法常用于套内能耗指标计算。

(4) 按照外墙完整构造外轮廓线围合成的面积进行统计，外墙考虑保温层、抹面层、饰面层等构造，即建筑最外层的轮廓线面积，目前夏热冬冷、严寒、寒冷地区建筑节能设计时通常采用此方法。

问题 118. 采光计算中的污染程度是指什么?

答: 污染程度是指窗玻璃的污染折减系数,污染折减系数主要是指按 6 个月清洗一次窗户估计,该地区该房间实际窗玻璃的透射比与未污染玻璃透射比的比值。污染程度与窗户所在房间类型和玻璃安装的角度(水平、倾斜、垂直)有关,一般情况下水平玻璃污染最严重,倾斜次之,但在南方多雨地区(长江以南),水平天窗的污染折减系数可以按倾斜天窗的数值选取。

《建筑采光设计标准》(GB 50033—2013)中将污染程度分成清洁、一般、污染严重三级:窗玻璃的污染折减系数可按表 D.0.7 取值。

表 D.0.7　窗玻璃的污染折减系数 τ_w 值

房间污染程度	玻璃安装角度		
	垂直	倾斜	水平
清洁	0.90	0.75	0.60
一般	0.75	0.60	0.45
污染严重	0.60	0.45	0.30

问题 119. 室内采光设计时有哪些措施可以防止不舒适眩光?

答:《建筑采光设计标准》(GB 50033—2013)提供了减小不舒适眩光的措施:

5.0.2　采光设计时,应采取下列减小窗的不舒适眩光的措施:

1. 作业区应减少或避免直射日光。

2. 工作人员的视觉背景不宜为窗口。

3. 可采用室内外遮挡设施。

4. 窗结构的内表面或窗周围的内墙面,宜采用浅色饰面。

除此之外,为了防止不舒适眩光,还可以采取以下措施:确保室内各表面的反射比适当,以避免由于亮度分布不均匀引起的眩光;使用低表面亮度的灯具,通过调光或使用透镜来减少容易产生眩光的角度上的光输出；在整个室内提供相对一致的照度，例如使用间接光源；使用反射比为35%至50%的不光滑的工作台表面，避免使用高反射比的明亮表面。

问题120. 夏热冬冷地区绿色建筑围护结构设计时，部分建筑地面设置保温层后，为什么建筑能耗反而升高？

答： 夏热冬冷地区的气候特点是夏季炎热、冬季寒冷。这一地区夏季太阳辐射强度较大，气温较高，最热月份室内气温高达32℃左右，持续时间长达3~4个月；冬季室内阴冷潮湿，最冷月份的室内平均气温只有4~6℃，时间长达2~3个月。

夏热冬冷地区部分建筑地面增设保温层后，往往会导致冬季室内的热量有效的保持，降低采暖能耗，不过同时会导致夏季的热量无法有效排出，空调能耗升高。夏热冬冷地区夏季周期要长于冬季，因此空调能耗的增加量要大于采暖能耗的降低量，引起总体建筑能耗反而升高。在近些年的节能设计标准当中，对于夏热冬冷地区逐步将地面和地下室外墙热阻的规定去掉了。不过，这一气候区地面是否增设保温层还需要根据项目实际情况而定，很多地下空间用于超市、卖场等采暖空调房间，因此需要根据项目实际来制定相应的节能保温措施。

问题121. 工业建筑中的配套辅助办公楼评估绿色建筑需要做无障碍设计吗？

答： 在评估工业建筑中配套辅助办公楼的绿色建筑时，无障碍设计是重要的考虑因素之一。无障碍设计旨在确保建筑物的可访问性，使所有人，包括老年人和身体残疾人士，都能够自由进入和使用建筑物，并获得相应的服务和设施。

无障碍设计是绿色建筑和可持续发展的一部分。通过提供可访问的办公空间，企业可以展示其社会责任感，并为可持续的未来做出贡献。因此，对于工业建筑中的配套辅助办公楼评估绿色建筑时，无障碍设计是需要被重视的因素之一。

问题 122. 如果计划报绿建在可行性调研时就着手吗？选择做不做绿建对于造价的影响大吗？

答： 在可行性调研阶段就考虑绿建，可以更早地确定项目的可行性，并为后续的设计和决策提供重要的方向。

选择是否做绿建对于造价是有影响的，但具体的影响程度取决于多个因素。绿色建筑可能涉及一些额外的成本，比如绿色建材、能源高效设备、可再生能源系统等的投资，这些成本可能会增加初始投资的一部分。

然而，绿色建筑的运营周期内，可以带来一系列的经济效益。例如，节能设备和系统可以减少能源消耗和相关费用，水资源管理措施可以降低水费支出，室内环境的改善可以提高员工的工作效率和健康情况。此外，还可以获得政府的绿色建筑奖励和补贴。

问题 123. 在绿色建筑设计、评审或咨询中，如果遇到水资源利用方案与施工图不符的情况时，应该怎么处理？

答： 在我国发展绿色建筑，是一项意义重大而十分迫切的任务。节水又是七类评价指标中的重要一项，在工程中按照绿色建筑的设计要求从源头进行节水控制就显示出其重要性。设计师需要根据建筑规划及设计要求编制详细的水资源利用方案。水资源利用方案是绿色建筑水专业设计的原则和方向，但不是建设施工的直接依据，当项目申报时提供的水资源利用方案与设计文件不符时，以设计文件为评判依据，同时需要有差异性的原因说明。

问题 124. 预评价阶段查阅绿化灌溉系统和空调冷却水系统竣工图纸包含哪些文件？

答： 预评价查阅绿化灌溉系统施工图纸，需要包含绿化灌溉系统设计说明、灌溉给水和电气控制平面图、节水灌溉设备材料表及产品说明书；空调冷却水系统施工图纸，需要包含冷却节水措施说明和相关图纸，相关产品的设备材料表及产品说明书等。

问题 125. 在场地年径流总量控制率预评价阶段需要提供哪些资料?

答: 预评价需要查阅年径流总量控制率计算书、设计控制雨量计算书、场地雨水综合利用方案等。室外给水排水施工图需要包含室外给水排水设计说明、室外雨水平面图、雨水利用设施工艺图或调蓄设施详图; 景观施工图需要包含总平面竖向图、场地铺装平面图、种植图、雨水生态调蓄、处理设施详图等; 同时应当核查场地雨水综合利用方案的要求在设计文件中的落实情况。

问题 126. 建筑场地选址需要提供哪些材料?

答: 建筑场地选址需要提供以下几项材料:

(1) 地质灾害危险性评估报告 (市及各区地质灾害防治规划中提及的地质灾害严重或多发区的地段): 灾害危险性评估结论、措施要求。

(2) 地震安全性评价报告 (对建筑抗震不利和危险地段): 地震安全性评价结论、措施要求。

(3) 相关检测报告或论证报告 (涉及危险化学品、易燃易爆危险品危险源、电磁辐射、土壤氡污染等地段): 检测方法、检测过程、检测结论、措施要求等。

(4) 工程地质勘查报告: 场地地质状况、地质风险、防洪要求、抗震防灾要求等。

(5) 建筑专业竣工图纸—总平面图: 明确场地及周边是否有通信、电力设施, 对不在《电磁环境控制限值》(GB 8702—2014) 豁免范围内的电力设施, 审核是否满足与建筑之间的最小净空距离要求。

(6) 建筑专业施工图纸—设计说明: 明确场地内自然条件, 有无滑坡、泥石流、洪涝等潜在威胁, 如有需明确如何避让潜在危险源。对于存在土壤氡含量超标风险的地段, 需写明场地开挖时应进行土壤氡浓度检测, 且土壤中氡浓度的控制应符合现行国家标准《民用建筑工程室内环境污染控制标准》(GB 50325) 的有关规定。

问题 127. 新版绿色建筑标准中各个评分项分值如何分配?

答: 在《绿色建筑评价标准》(GB/T 50378—2019)(2024 年版)中,绿色建筑评价的总得分由以下几部分组成:

控制项基础分值(Q_0):当满足所有控制项的要求时,取 400 分。

评分项得分($Q_1 \sim Q_5$):分别为评价指标体系五类指标(安全耐久、健康舒适、生活便利、资源节约、环境宜居)的评分项得分。

提高与创新加分项得分(Q_A):额外的加分项得分。

绿色建筑的总得分(Q)计算公式为:

$$Q = \frac{Q_0 + Q_1 + Q_2 + Q_3 + Q_4 + Q_5 + Q_A}{10}$$

绿色建筑等级按由低至高划分为基本级、一星级、二星级、三星级四个等级。当满足全部控制项要求时,绿色建筑等级为基本级。一星级、二星级、三星级三个等级的绿色建筑均应满足本标准全部控制项的要求,且每类指标的评分项得分不应小于其评分项满分值的30%。当总得分分别达到60分、70分、85分时,绿色建筑等级分别为一星级、二星级、三星级。

问题 128. 室外风环境的评估方法有哪些?

答: 对风环境进行评估是建筑室外风环境设计的前提,通过对风环境的评估可以对改善和提高室外风环境提供依据。目前,国内外对建筑室外风环境的评估方法主要有以下三种:即风速比评估方法、风速概率统计评估方法、相对舒适度评估方法。

(1)风速比评估方法: 在实际应用中,采用风速比 R_i 作为建筑周围风环境舒适性的标准参数,用来反映在建筑物的影响下风速的变化程度。其计算公式如下:

$$R_i = V_i / V_0$$

式中 R_i——i 点处的风速比率;

V_i——流场中 i 点人行高度处的平均风速(m/s);

V_0——人行高度处来流平均风速（m/s），一般为初始
风速。

（2）风速概率统计评估方法： EmllSimiu 和 Robert.H.Scanlan
在著作《风对结构的作用：风工程导论》中阐述了舒适感与
风速之间比较具体的定量关系，见下表。

风速与舒适度的关系

风速 / (m/s)	人体感觉
$V<5$	舒适
$5<V<10$	不舒适，行为受影响
$10<V<15$	很不舒适，行为受到严重影响
$15<V<20$	不能忍受
$V>20$	危险

（3）相对舒适度评估方法： 风环境由于发生频率增加，可
以导致对人体不同程度的不舒适感，如果发生的频率过高，
超过了人体承受的范围，那么人们就会认为这种风环境的
"不舒适" 是 "无法接受" 的。而通常所说的室外风环境的
舒适性评估标准，就是用来界定这个不同程度的不舒适性的
最高可接受的发生频率。

**问题 129. 室外风热
环境模拟是否需要
建立绿化、道路和水
体，对计算结果有哪
些影响？**

答： 绿建标准中要求的冬季风速评价范围为人行区域，人行
区域应该是指道路、休闲广场等位置，优秀的国产软件可以
自动判定人行区域（如 PKPM-CFD）。通过计算分析配置，
软件可以自动统计道路等区域的风速是否达标。另外，城市
道路构成砖石、水泥和沥青等材料为主的下垫层，这些材料
热容量、导热能力比郊区自然界的下垫层要大得多，而对太
阳光的反射率低、吸收率大，道路材质对城市热岛效应有着
显著影响，降低热岛，道路先行。

绿化和水体对于室外热岛环境辐射有着显著影响，草坪高度

较低对于室外声衰减影响较小，对于室外风环境具有一定的阻挡作用；绿化带具有一定高度，对于风整个流场的扰动和声传播过程中的衰减吸收都有一定的影响。另外，合理规划的绿化设施既能有效缓解城市热岛效应，而且绿化林带在夏季可以利用绿色廊道引凉风入城，在冬季可以起到遮挡冬季风，降低风速，发挥防风作用。

某实验表明，不同植物的类型也对风环境风速值有一定影响，数据见下表。

不同植物类型单体风速数据表

植物类型	大乔木	中乔木	小乔木	大灌木
测点风速值 /（m/s）	2.02	1.96	1.81	1.91

植物对周围风场的影响面积与冠层大小呈正相关关系。植物对周围风场影响面积大小，由枝叶层面积和枝下层高度所决定，树木冠层面积越大，导致周围风场产生影响的面积也就越大，枝下层越低，相反影响面积也会变多。植物背风面会形成低速流动区，产生风涡旋现象，多种植物枝叶层重叠部分和较大类型植物组合的气流回旋效果更加明显，当枝叶层较大，且疏透度较密时涡旋现象更明显。

问题 130. 什么是地面粗糙度？

答：地面粗糙度是指**地面凹凸不平的程度**，代表地表对气流的阻碍程度，它影响着大气边界层内风速的分布和风向的变化。地面粗糙度越高，地表对风的摩擦作用越大，导致风速随高度的增加而减小得更快。相反，地面粗糙度越低，风速随高度的变化则相对较小。

在建筑环境中，地面粗糙度是一个重要的参数，主要影响以下几个方面：

（1）风场分布：在城市规划、建筑设计和风能资源评估中，地面粗糙度对于预测和模拟风场至关重要。

（2）自然通风： 在建筑设计中，地面粗糙度可以影响建筑群的自然通风性能，进而影响建筑的能耗和室内环境质量。

（3）污染物扩散： 地面粗糙度影响着大气污染物的扩散和传播，对于环境影响评估和污染控制具有重要意义。

（4）风能资源： 在风能开发中，地面粗糙度会影响风力发电站的选址和发电量。

问题 131. 什么是换气次数？如何计算？

答： 换气次数是一个**评价室内空气平均新鲜程度**的物理量。换气次数是一个经验系数，换气次数的大小不仅与空调房间的性质有关，也与房间的体积、高度、位置、送风方式以及室内空气变差的程度等许多因素有关。计算公式如下：

$$n = \frac{3600 \sum vA}{V}$$

式中　　n——换气次数（次/h）；

　　　　v——垂直于进风口的风速（m/s）；

　　　　A——进风口面积（m²）；

　　　　V——房间体积（m³）。

《民用建筑供暖通风与空气调节设计规范》（GB 50736—2012）第 3.0.6 条中对民用建筑的换气次数做了以下要求：

设置新风系统的居住建筑和医院建筑，所需最小新风量宜按换气次数法确定。居住建筑换气次数宜符合表 3.0.6-2 规定，医院建筑换气次数宜符合表 3.0.6-3 规定。

表 3.0.6-2　居住建筑设计最小换气次数

人均居住面积 F_P	每小时换气次数
$F_P \leqslant 10\text{m}^2$	0.70
$10\text{m}^2 < F_P \leqslant 20\text{m}^2$	0.60
$20\text{m}^2 < F_P \leqslant 50\text{m}^2$	0.50
$F_P > 50\text{m}^2$	0.45

表 3.0.6-3　医院建筑设计最小换气次数

功能房间	每小时换气次数
门诊室	2
急诊室	2
配药室	5
放射室	2
病房	2

问题 132. 绿色建筑评价标准的绿容率是什么意思，具体如何计算？

答：绿容率是绿色建筑评价中一个重要的指标，它衡量建筑物周围用于绿化的土地面积占总用地面积的比例。具体公式如下：

绿容率 =（乔木叶面积指数 × 乔木投影面积 × 乔木数量 + 灌木占地面积 ×3+ 草地占地面积 ×1）/ 场地面积

绿容率是评价建筑物可持续性和环保性的重要指标之一。绿容率的高低可以反映建筑物周边生态环境的状况，越高表示使用更多的土地用于绿化，有助于提高生态环境质量和空气质量。

问题 133. 什么是窗墙比？绿色建筑中控制窗墙比可以采用哪些措施？

答：窗墙比是指窗户或其他玻璃窗（包括窗根和窗框）的总面积与外墙的总面积之比，是建筑能耗衡量标准，其中玻璃窗面积是指所有立面上玻璃的面积，不管朝向如何。外墙总面积是指所有朝向的外立面（包括墙面、窗户和门）的面积总和。

建筑的窗墙比越高，传输的热量就越多。如果窗墙比过高，则应考虑采取遮阳或降低玻璃太阳得热系数（SHGC）等措施来抵消能量损失。至于日光，采用两种基本策略既可利用太阳照明，又能最大程度减少热增益：①开小窗口（窗墙比为 15%），为能够使光线大面积扩散的空间内部表面提供照明；②开中型窗户（窗墙比为 30%），窗户要既能"看见"外部反射表面，又能避开太阳直射。

为了增加有效日光，选择具有较高可见光透射率（VLT>50）的玻璃也很重要。

围护结构的传热视外部材料的热阻、建筑幕墙的面积和建筑内外部之间的温差而定。热传送的发生主要源于热渗透和窗户。窗户的大小、数量和朝向对建筑物达到舒适温度（供暖或制冷）的能耗具有重大影响。在寒冷气候条件下，直接的太阳辐射在日间穿过玻璃，被动地为室内供暖。如果有足够的蓄热体，随后释放热量，有助于保持房间日落后的舒适性。在这种气候类型的地区，最佳做法是让玻璃立面与阳光有最大范围的接触。但在温暖和温带气候地区，窗墙比应较低，因为减少玻璃的使用能够降低整体冷负荷，从而减少空调需求。考虑使用日光降低照明和制冷能耗很重要，但同时要注意与相应的太阳能和对流热增益保持平衡。

问题 134. 绿色建筑中屋顶饰面设计有哪些措施？

答：屋顶饰面设计可参考以下几项：

（1）使用种植屋面系统：种植屋面构造主要组成为屋面板、保温层、耐根穿刺防水层、蓄（排）水层、种植基质和种植植被。种植屋面技术既可以用于平屋面，也可以用于坡屋面。在建筑绿化中，屋面绿化是最主要部分之一。种植绿化是生态建筑、绿化建筑的直接形式。种植屋面的作用是多方面的，不仅仅是节能，更能改善生态环境，其作用是综合性的。

（2）使用热反射屋面系统：对于平屋面，热反射屋面采用耐候性好的浅色热反射高分子卷材，或在屋面材料表面涂刷隔热反射涂料。屋顶使用高反射率饰面可以减少空调空间的冷负荷，并提高非空调空间的热舒适度。表面温度降低，有助于提高饰面的使用寿命，同时降低城市热岛效应的影响。

（3）使用单层屋面系统：单层屋面系统是指使用单层 TPO、

PVC、EPDM 等防水卷材外露使用，用机械固定或满粘或空铺压顶方式施工防水卷材的屋面系统，通常是防水保温一体化施工。单层屋面的主要构造为：屋面板、保温层和单层防水卷材层，构造简单，主要用于大跨度轻型屋面，体现了质量轻、节能、环保和节约资源等优势。

（4）使用通风屋瓦面系统： 通风瓦屋面是在瓦屋面中增加通风和热反射间层构造，将瓦材与屋面板用挂瓦条隔开形成间层，从而大大减弱通过瓦材的直接热传导，再增设通风檐口和通风屋脊，以及在屋面板上增设具有热反射功能的防水垫层，将瓦材的辐射热通过热反射防水垫层反射到间层，使热空气自然对流，将屋面间层中的热空气排出，降低屋面板的温度，从而降低建筑顶层室内的温度。

（5）使用光伏建筑一体化屋面系统： 现在常见的光伏建筑是光伏屋面形式，即将光伏系统设置在建筑物的屋顶。在整个光伏建筑中，光伏屋面发电量约占75%，因为在建筑中，屋面有更多的受光面积，同时也便于安装。光伏建筑一体化（BIPV）是太阳能屋面的发展方向。柔性基板的薄膜太阳能光伏电池组件，可能是首选材料。

问题 135. 什么是城市热岛效应？

答： 城市热岛效应是指城市因**大量的人工发热、建筑物和道路等高蓄热体及绿地减少等因素，造成城市"高温化"，城市中的气温明显高于外围郊区的现象**。在近地面气温图上，郊区气温变化很小，而城区则是一个高温区，就像突出海面的岛屿，由于这种岛屿代表高温的城市区域，所以就被形象地称为城市热岛。

问题 136. 有哪些措施可以缓解城市热岛效应？

答： 缓解城市热岛效应可采取以下措施：

（1）增加城市绿化率。

（2）增加城市水域湿地的面积，推进"海绵城市"的建设。

（3）减少玻璃幕墙的面积。

（4）合理限制交通工具和建筑物等人工热量的排放，提高能源利用率。

（5）合理进行城市规划，建设城市中的通风廊道系统。

问题 137. 建筑直接碳排放与建筑间接碳排放有什么区别？

答： 直接碳排放主要是指在建筑内由于化石燃料燃烧导致的二氧化碳排放，包括直接供暖（燃气壁挂炉、自建锅炉房等）、炊事、生活热水、医院等工业生产过程的碳排放。

间接碳排放则是指外界输入建筑的电力、热力包含的碳排放，其中热力部分包括热电联产及区域锅炉送入建筑的热量。

问题 138. 什么是无热桥设计？可遵循哪些原则？

答： 无热桥设计是指对围护结构中潜在的热桥构造进行加强保温、隔热以降低热流通量的设计。可遵循以下规则：

（1）几何规则： 避免几何形状变化，例如减少表面转折部位。

（2）避让原则： 尽可能不破坏或穿透外围护结构，例如尽量减少幕墙连接件数量。

（3）分离原则： 将悬挑的构件与主体结构分离，形成独立结构，从而消除热桥，例如室外楼梯与主体结构分离。

（4）削弱原则： 通过断开热桥部分、保温层全包、连接部位加隔热垫块等方式削弱热桥。

第四节　超低能耗建筑

问题 139. 如何才能实现碳中和？

答：1. 制定应对气候变化的承诺和计划

气候变化已经成为地球上每个公民都必须面对和解决的问题。企业承诺碳中和甚至净零排放至关重要。许多公司设定了 2030 年至 2050 年实现碳中和或净零排放的目标。长期目标必须有短期或中期目标才能切实可行。为顺应国际趋势，可加入 Science Based Target initiative（SBTi），根据 SBTi 制定科学减排目标，提交 SBTi 审核发布。

2. 定义启动碳中和的项目

企业以多种方式产生碳排放。人们应该根据他们的减排目标来定义他们希望实现碳中和的项目。可以从单一的业务活动开始，例如对某种产品进行碳中和，然后逐步改进，直到整个组织实现净零。

3. 核实项目碳排放，减少排放

当碳中和项目确定后，企业应核实碳排放量，看看哪些部分排放量较高或有改进空间，以实施改进措施，如引入节能设备、电动汽车和踏板车、减少包装材料，或使用回收材料或采用 ISO 50001 标准来系统地改善能源使用。

4. 用碳抵消补偿必要的排放

当碳排放量无法进一步降低时，企业可以向机构或组织购买碳信用额度以实现碳中和。如果出于特定目的需要碳中和，例如遵守当局法规或投资者政策，企业应选择通过特定公司批准的标准认证的碳信用额度。例如，国际航空碳抵消和减排计划仅批准了 ACR、ART、CDM、CAR 等 9 个单位（截至 2022 年 11 月 25 日）。如果需要国际信誉，企业可以寻求第三方机构如 SGS 或 BSI 根据 PAS 2060 标准和 ISO 14064、ISO 14067 碳足迹验证对其碳中和声明进行认证。

5. 向利益相关者明确披露

当企业实现碳中和时，它可以向消费者、供应链、投资者和当局等利益相关者披露其结果。除了公司新闻稿或公告外，公司还可以利用 TCFD 或其他结构将其纳入其 ES。

问题 140. 经济增长和碳排放有怎样的关系?

答: 经济增长和碳排放呈倒 U 关系,如下图所示,我国尚未到达碳排拐点,居民对物质的需求随着收入的增加先增后减;相关研究表明人均 GDP 10 万~18 万时出现拐点,目前全国人均 GDP 距离拐点还存在较大距离,碳排增长空间较大。

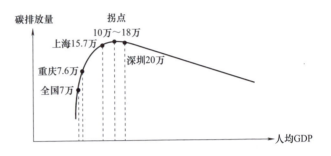

经济增长和碳排放关系

问题 141. 碳中和目标下的建筑业低碳发展方向有哪些?

答: 目前建筑业低碳发展方向主要有以下几个方面:

建筑隐含碳排放: 改革结构形式;发展低碳建材。

建筑直接碳排放: 提升建筑物用能效率,推广"气改电"。

热力间接碳排放: 降低供热需求;提升供热效率;清洁可再生能源利用。

电力间接碳排放: 提升终端用能产品和设备能效水平;降低使用过程中电耗。

问题 142. 减碳、低碳技术的方法和具体内容有哪些?

答: 减碳、低碳技术的方法和具体内容可以参考以下几个方面:

(1)进一步强化碳排放计算,鼓励减碳技术的应用: 把碳排放计算分别设置为控制项、评分项和创新项;明确绿色建筑和既有建筑绿色改造碳排放计算方法,提升条文的可操作性。

(2)提升围护结构热工性能: 进一步提升围护结构热工性能,降低暖通空调负荷;鼓励相变蓄能围护结构等新型墙体在绿色建筑中的应用，提升建筑墙体保温、蓄热性能。根据研究表明：围护结构引起的能耗占暖通空调系统能耗的40%~50%。保温层厚度与热负荷如下图所示。

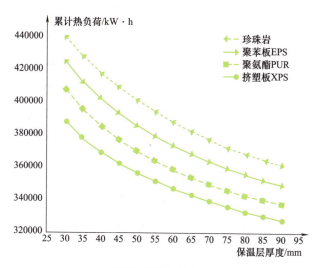

保温层厚度与热负荷

（3）**提高设备和系统能效**：进一步提升暖通空调、电梯、照明等设备和系统的能效水平和控制策略；从建筑设备和系统末端控制建筑碳排放量。建筑能耗中，供暖和空调能耗占比50%~70%，照明能耗占比大于20%。

（4）**采用低碳建筑材料**：充分利用可再循环材料、可再利用材料和利废材料，节约建筑材料；鼓励采用高强、高耐久性材料，延长建筑使用寿命；提高绿色建材使用比例。下表是某办公建筑全生命周期的碳排放量计算。

某办公建筑全生命周期的碳排放量计算（50 年）

各阶段	建材生产阶段	运输阶段	施工阶段	运行阶段	维护阶段	拆除处置阶段
碳排放量	30634643.82	2876789.21	235570.14	61423729.05	0	1732624.94
比例	31.61%	2.97%	0.24%	63.39%	0.00%	1.79%

（5）**提高建筑电气化水平**：进一步提升建筑电气化水平，降低建筑一次能源直接消耗，提升能源效率；关注洗碗机、烘干机、饮水机等超长待机、反复加热类电器，对其待机能耗提出要求。

（6）**降低场地热岛强度**：利用相关水系、优化场地空间布局，以便形成有效的通风廊道，改善场地通风不良；降低热岛强度，进而降低建筑空调能耗。

（7）**提高可再生能源利用率**：增加可再生能源利用权重，提升建筑用能总量中可再生能源占比；鼓励购买绿色电力，降低建筑碳排放强度。

（8）**提升绿化固碳效果**：提升绿地中乔木的比例，获取最大固碳效益；选择本地植物，降低绿地维护碳排放；鼓励采取屋顶绿化、垂直绿化等措施，丰富绿化形式，提升场地绿植的固碳效益。

减碳、低碳技术如下图所示。

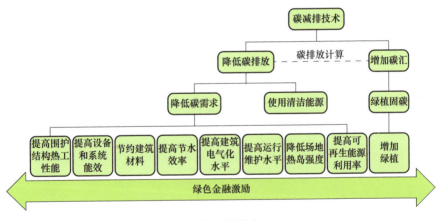

减碳、低碳技术

问题 143. "碳中和"与"零碳"是一样的吗？

答："碳中和"是指通过自然吸收和技术革命等手段，使 CO_2 排放和消除得到相对平衡，实现相对的"零排放"。对于建筑领域，碳排放与中和掉的碳排放是可以抵消的。建筑运行阶段产生直接或者间接的碳排放，通过节能减排、可再生能源的利用减少一部分碳排放，另一部分碳排放可以通过购买碳配额指标，最终实现抵消。

"零碳"主要是从产品端来考虑，由原来的低碳产品、低碳建筑更进一步实现"零碳"。"零碳"从原理上来说应该是表示不产生任何碳排，比如太阳能电池板在使用过程确实是零碳排的，但是在生产制造过程中并非零碳。建筑领域中，"零碳建筑"概念多见于欧美国家的研究，而每个国家对于"零碳建筑"的定义都不甚相同。比如英国要求建筑包括供暖、空调、通风、照明、热水，以及烹调、洗涤、娱乐等在内的所有相关电器、设备所使用的能源所带来的碳排放为零。对于"零碳建筑"会分为几个层级，比如运行阶段零碳、全生命周期零碳等。

"碳中和"与"零碳"可以理解成是一样的，因为项目无法实现零碳，最终还是要实现碳中和的目标。如果一个项目本身较小，又采用了很多绿色低碳的设施与材料，不进行碳配额指标的购买，实现运行阶段的零碳是有可能的，但是对于大部分项目来说，要实现碳中和的目标还需购买 CCER、碳配额实现建筑项目碳中和。

"碳中和"相较于"零碳"来说，是更宏观的概念，且会更注重碳的抵消部分；而"零碳"更多是对于单体的描述，对象较为具体，且更注重自身的碳排水平。

问题 144. 超低能耗建筑碳排放如何计算？

答：《建筑碳排放计算标准》（GB/T 51366—2019）定义建筑碳排放为建筑物在与其有关的建材生产及运输、建造及拆除、运行阶段产生的温室气体排放的总和，以二氧化碳为当量表示。因此，建筑全生命周期碳排放计算包括**建材生产及运输阶段、建筑建造阶段、建筑运行阶段和建筑拆除阶段**四个阶段。

建材生产及运输阶段的建材用量可以采用相似**案例估算**、**模型提取量和工程量清单**等方法，建筑建造和拆除阶段的碳排放量可以采用**经验公式、施工工序能耗估算或工程预决算书**等方法，建筑运行阶段的碳排放则可以基于**建筑能耗模拟或能耗监测平台的数据**。可以根据项目所处开发阶段选取合适的建筑碳排放计算方法，如下图所示。

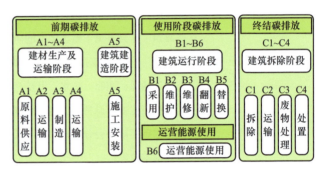

碳排放计算方法

问题 145. 《绿色建筑评价标准》条文中减碳技术都有哪些，分值占比是多少？

答：直接碳排放条款：总分值为 37.3 分，约占满分值（110 分）的 33.91%。从高到低排列，依次为暖通空调（17.5 分）、电气与照明（6.9 分）、建材（5.4 分）、给水排水（4.9 分）、景观绿化（2.6 分），分别占满分值的 15.91%、6.27%、4.91%、4.45%、2.36%。

标准涉及的建筑减碳的直接相关条文包括围护结构热工性能提升；主要功能房间设置现场独立控制的热环境调节装置；利用天然光；设置可调节遮阳；建筑设备自动监控管理；根据建筑空间功能设置分区温度；控制照明功率密度值；电梯具备群控、变频调速或能量反馈；造型要素简约，无大量装饰性构件；就近取材（500km 范围）；节能型电气设备等。

间接碳排放条款：总分值为 25.4 分，约占满分值（110 分）的 23.09%。

从高到低排列，依次为建筑（13.2分）、管理服务（4分）、建材（3.9分）、给水排水（2.3分）、暖通空调（2分），分别占满分值的12.00%、3.64%、3.55%、2.09%、1.82%。

标准中涉及建筑减碳的间接相关条文包括门窗气密性要求；防水、防潮层设置；提升建筑适变性；提升建筑部品耐久性；提高建筑结构材料的耐久性；运行效果评估并持续优化；土建和装修工程一体化设计施工；公共交通便捷；公共服务；工业化内装部品；降低热岛强度等。

问题146. 低碳建造有哪些常见的措施？

答： 低碳建造的常见措施涵盖以下几个方面：

低碳结构： 不同建筑结构体系影响单位面积建材用量及建材用量比例，进而影响建筑建材的能耗和二氧化碳排放。

低碳材料： 低碳材料是指在确保使用性能的同时，降低不可再生自然原材料使用量，具有低能耗、低污染、低排放的制造过程，使用寿命长，使用过程中不产生有害物质，且可回收再生产。

循环建材： 循环建材是指通过改变物质形态可实现循环利用的土建及装饰装修材料，如钢筋、铜、铝合金型材料、玻璃、石膏、木地板等。

低碳施工： 低碳施工关注于减少从开始建设到工程竣工阶段因施工消耗的能源所产生的碳排放，特别关注水耗、电耗和油耗的降低。

施工废弃物处置： 施工废弃物碳排放是施工碳排的重要组成部分，包括运输碳排放和处置碳排放。

绿色供应链管理： 绿色供应链是一种综合考虑环境影响和资源效率的现代管理模式，建筑选材时考虑建筑所在地的材料采购特性，优先选取本地材料，以降低建材运输碳排放。

建筑设计碳减排： 建筑减碳技术主要涵盖节地、节能、节水、节材及优化室内环境等方面。

建筑数字化： 依托物联网、多网融合、自动化等技术，运用云计算、大数据挖掘、人工智能等手段，全面感知、分析、整合、优化建筑物全供应链的能源消耗环节，实现建筑全生命周期的节能控制。

问题 147. 什么是碳配额与 CCER？

答： 按照碳交易的分类，目前我国碳交易市场有两类基础产品，一类为政府分配给企业的碳排放配额，另一类为核证自愿减排量（CCER）。

第一类，配额交易，是政府为完成控排目标采用的一种政策手段，即在一定的空间和时间内，将该控排目标转化为碳排放配额并分配给下级政府和企业，若企业实际碳排放量小于政府分配的配额，则企业可以通过交易多余碳配额，来实现碳配额在不同企业的合理分配，最终以相对较低的成本实现控排目标。

第二类，作为补充，在配额市场之外引入自愿减排市场交易，即 CCER 交易。CCER 交易是指控排企业向实施"碳抵消"活动的企业购买可用于抵消自身碳排的核证量。2020年 12 月发布的《碳排放权交易管理办法（试行）》中指出，CCER 是指对我国境内可再生能源、林业碳汇、甲烷利用等项目的温室气体减排效果进行量化核证，并在国家温室气体自愿减排交易注册登记系统中登记的温室气体减排量。

问题 148. 建筑行业碳中和主要的评价体系与认证机构有哪些？

答：净零碳建筑认证： 认证机构是英国建筑研究院 BRE 和德国 TUV 莱茵，评价范围有建筑隐含碳排放、建筑运营碳排放（新建建筑、既有建筑）、建筑全生命周期碳排放。

碳中和认证： 评价机构是北京绿色交易所，评价范围包括建筑、园区、活动、产品等运营阶段碳排放、全生命周期碳排放。

碳中和建筑认证： 评价机构是中国城市科学研究会绿色建筑

研究中心和中国房地产业协会，评价范围包括建筑运营碳排放和建筑全生命周期碳排放。

问题 149. 低碳减排规划有哪些步骤？

答：低碳减排规划实际操作中可分为以下几个步骤：

（1）案例研究，国内外优秀项目案例、同类型建筑案例研究。

（2）全生命周期碳排放预评估，建材生产及运输阶段、建造阶段、运行阶段、拆除阶段、全生命周期碳排放总量的预测。

（3）多种碳排放情景分析，建立碳排放核算模型、界定核算边界与范围、建材减碳情景、技术减碳情景、管理减碳情景、碳排放强度发展曲线。

（4）优化低碳建造技术策略，包括结构体系、建造方式、建材部品、施工方案的优化。

（5）优化低碳运行技术策略，建筑能耗模拟分析及优化、综合能源低碳规划、智慧运维及调适建议、宣传活动策划、园林固碳清单、碳排放数据监测及分析。

问题 150. 在建筑项目中要完成低碳减排的目标需要做哪些内容？

答：碳减排是一个综合的工程体系，需要在不同阶段进行碳减排的控制。

设计阶段：通过采用绿色技术、增加被动技术应用、采用主动式的技术应用降低建筑的运营能耗，采用光伏等绿色能源手段增加碳汇。

招采阶段：通过低碳材料和节能设备的选购降低建筑的建材生产和运输碳排放。

运行阶段：通过设备巡查和维护、运营管理的系统化、运营策略的优化降低运营阶段的碳排放。

在全生命周期过程中需要很多部门协同配合，共同完成低碳和碳中和的最终目标，因此根据项目不同工作阶段、依据项目不同部门的权责编制双碳工作指引是指导项目实现双碳目标的重要路径。

结合项目具体情况，从设计、施工招标、设备采购、施工及运维几个阶段入手，结合已确定的技术方案，编制工作指引，提出工作方法建议，协助低碳减排管理与设计理念落实到项目实施全过程。

问题 151. 老旧既有建筑超低能耗改造有哪些难点？

答： 老旧既有建筑超低能耗改造的难点主要包括以下几个方面：

（1）受限建筑现有结构，建造年代久远，墙体承重受限，限制被动式节能外窗的安装。

（2）建筑空间位置、与周围建筑关系，实施外墙外保温难度大。

（3）历经多年使用、修缮等，不同部位的结构现状形式不一，多个关键节点的被动式设计及施工做法无法参考现行的规范图集。

（4）建筑在建造时梁、柱的位置并未考虑被动式施工的需求，建筑反梁、凹凸件等易产生热桥的部位，会对建筑的保温做法造成较大的影响。

问题 152. 老旧既有建筑超低能耗改造的过程中气密性处理要点有哪些？

答： 老旧既有建筑超低能耗改造的过程中气密性处理应注意以下几点：

（1）超低能耗建筑应有连续并包围整个超低能耗区域的气密层。

（2）外门窗与结构墙之间的缝隙采用耐久性良好的防水隔汽膜（室内侧）和防水透气膜（室外侧）进行密封。

（3）外门窗采用三道耐久性良好的密封材料密封构件管线、套管、通风管道、电线套管等。

（4）穿透建筑气密性的空洞部位应进行气密性封堵。

（5）开关、插座线盒、配电箱等穿透气密层时进行密封处理。

（6）屋顶室内一侧保温设置完整的隔汽层包覆内侧保温。

问题 153. 低碳科技住宅标准技术实施要点有哪些?

答: 围护结构:比对应气候区节能标准提升 50%;高性能外墙;高性能屋面;高性能外窗;遮阳体系。

热桥管理:外墙无热桥设计;保温层采用断热桥锚栓固定;屋面无热桥设计;门廊、空调架无热桥设计;外遮阳无热桥设计。

气密性:建筑整体换气次数 $N_{50} \leqslant 1.0$;外墙气密性达到 8 级;管道穿墙孔洞气密性设计。

问题 154. 某既有建筑楼梯间采用钢筋混凝土结构,与外墙相连,在超低能耗改造过程中有什么解决方案?

答: 方案一:将原楼梯与外墙连接处逐个切断、插入绝热垫片;同时在地下一层用立柱支撑楼梯,并在楼底板和楼梯及其支撑立柱间铺设隔热垫片。

方案二:将楼梯完全拆除,重新修建,并采取断热桥措施,将楼梯和外墙内侧用保温垫块隔离,通过立柱支撑新楼梯,楼梯与底板连接部分通过保温垫块隔断。

方案三:外墙向下挖掘,将外墙保温层完整铺设于建筑地下地基根处并完整包裹覆盖;在楼梯间全部铺设外墙内保温,并于墙外侧延伸入地下的保温层重叠至少 1m;保温板沿楼底板与楼梯连接处向上铺设内保温,施工能够覆盖到的地方全部铺设。

问题 155. 超低能耗外窗有没有防火要求?

答: 根据《建筑设计防火规范》(GB 50016—2014)(2018 年版)规定:高层建筑高于 54m (18 层以上),若外墙采用 B1 级保温材料,全项目要使用 0.5h 耐火窗;如果使用 A 级保温材料,每个户型需有一个房间做避难间,该房间的外窗要使用 1.0h 耐火窗。

玻纤增强聚氨酯型材在窗腔中填入耐火材料（如防火膨胀条），有优异的防火性能。

问题 156. 与常规建筑相比，超低能耗建筑在运行管理上有哪些不同？

答： 物业管理单位应制定针对超低能耗建筑特点的管理手册。管理手册应包括气候响应设计措施、建筑围护结构构造、特点及日常维护要求，设备系统的特点、使用条件、运行模式及维护要求，二次装修应注意的事项等。

超低能耗建筑运行管理需要用户的参与和配合，物业管理部门应针对私人使用空间编制用户使用手册，并对业主及使用者进行宣传贯彻。

问题 157. 基于《建筑节能与可再生能源利用通用规范》（GB 55015—2021），碳排放如何计算？

答：《建筑节能与可再生能源利用通用规范》（GB 55015—2021）第 2.0.3 条和第 2.0.5 条，对建筑碳排放计算和强度提出要求：

2.0.3　新建的居住和公共建筑碳排放强度应分别在 2016 年执行的节能设计标准的基础上平均降低 40%，碳排放强度平均降低 7kgCO$_2$/（m^2·a）以上。

2.0.5　新建、扩建和改建建筑以及既有建筑节能改造均应进行建筑节能设计。建设项目可行性研究报告、建设方案和初步设计文件应包含建筑能耗、可再生能源利用及建筑碳排放分析报告。施工图设计文件应明确建筑节能措施及可再生能源利用系统运营管理的技术要求。

另外，在《建筑碳排放计算标准》（GB/T 51366—2019）中，对碳排放的计算公式做出规范：

4.1.4　建筑运行阶段碳排放量应根据各系统不同类型能源消耗量和不同类型能源的碳排放因子确定，建筑运行阶段单位建筑面积的总碳排放量（C_M）应按下列公式计算：

$$C_{\mathrm{M}} = \frac{\left[\sum_{i=1}^{n} (E_i EF_i) - C_P \right] y}{A} \qquad (4.1.4\text{-}1)$$

$$E_i = \sum_{j=1}^{n} \left(E_{i,j} - ER_{i,j} \right) \quad\quad (4.1.4\text{-}2)$$

式中 C_M——建筑运行阶段单位建筑面积碳排放量（$kgCO_2/m^2$）；

E_i——建筑第 i 类能源年消耗量（单位 /a）；

EF_i——第 i 类能源的碳排放因子，按本标准附录 A 取值；

$E_{i,j}$——j 类系统的第 i 类能源消耗量（单位 /a）；

$ER_{i,j}$——j 类系统消耗由可再生能源系统提供的第 i 类能源量（单位 /a）；

i——建筑消耗终端能源类型，包括电力、燃气、石油、市政热力等；

j——建筑用能系统类型，包括供暖空调、照明、生活热水系统等；

C_p——建筑绿地碳汇系统年减碳量（$kgCO_2/a$）；

y——建筑设计寿命（a）；

A——建筑面积（m^2）。

5.2.1 建筑建造阶段的碳排放量应按下式计算：

$$C_{JZ} = \frac{\sum_{i=1}^{n} E_{jz,i} EF_i}{A} \quad\quad (5.2.1)$$

式中 C_{JZ}——建筑建造阶段单位建筑面积的碳排放量（$kgCO_2/m^2$）；

$E_{jz,i}$——建筑建造阶段第 i 种能源总用量（kWh 或 kg）；

EF_i——第 i 类能源的碳排放因子（$kgCO_2/kWh$ 或 $kgCO_2/kg$），按本标准附录 A 确定；

A——建筑面积（m^2）。

6.1.2 建材生产及运输阶段的碳排放应为建材生产阶段碳排放与建材运输阶段碳排放之和，并应按下式计算：

$$C_{JC} = \frac{C_{sc} + C_{ys}}{A} \qquad (6.1.2)$$

式中　C_{JC}——建材生产及运输阶段单位建筑面积的碳排放
　　　　　　量（$kgCO_2e/m^2$）；

　　　C_{sc}——建材生产阶段碳排放（$kgCO_2e$）；

　　　C_{ys}——建材运输过程碳排放（$kgCO_2e$）；

　　　A——建筑面积（m^2）。

问题 158. 电力间接排放的核算要求有哪些？

答： 根据当前我国《企业温室气体排放核算方法与报告指南》（2022 年修订版）等文件要求，企业外购电力间接排放量等于其全部外购电量与其所在区域电网平均排放因子的乘积。

对于购入使用电力产生的二氧化碳排放，用购入使用电量乘以电网排放因子得出，采用公式计算如下：

$$E_{电} = AD_{电} \times EF_{电}$$

式中　$E_{电}$——购入使用电力产生的排放量（tCO_2）；

　　　$AD_{电}$——购入使用电量（$MW \cdot h$）；

　　　$EF_{电}$——电网排放因子（$tCO_2/MW \cdot h$）。

问题 159. 建材生产阶段碳排放应该如何计算？

答： 建材生产阶段碳排放计算公式如下：

$$C_{sc} = \sum_{i=1}^{n} M_i F_i$$

式中　C_{sc}——建材生产计算碳排放（$kgCO_2e$）；

　　　M_i——第 i 种主要建材的消耗量；

　　　F_i——第 i 种主要建材的碳排放因子（$kgCO_2e/$ 单位
　　　　　　建材数量）。

建筑的主要建材消耗量（M_i）应通过查询设计图纸、采购清单等工程建设相关技术资料确定。建材生产阶段的碳排放因子（F_i）宜选用经第三方审核的建材碳足迹数据。无第三方提供时，缺省值按《建筑碳排放计算标准》（GB/T 51366—2019）附录 D 执行。建材生产阶段的碳排放因子（F_i）应包括：①原材料的开采、生产过程碳排放；②能源的开采、生产过程碳排放；③原材料、能源的运输过程碳排放；④生产过程碳排放。

问题 160. 建材运输阶段碳排放如何计算？

答： 建材运输阶段碳排放计算公式如下：

$$C_{ys} = \sum_{i=1}^{n} M_i D_i T_i$$

主要建材的运输距离（D_i）宜优先采用实际的建材运输距离。当建材实际运输距离未知时，可按《建筑碳排放计算标准》（GB/T 51366—2019）附录 E 中的默认值取值。建材运输阶段的碳排放因子（T_i）可按《建筑碳排放计算标准》（GB/T 51366—2019）附录 E 的缺省值取值。

建材运输阶段的碳排放因子（T_i）应包括：①建材从生产地到施工现场的运输过程的直接碳排放；②运输过程所耗能源的生产过程的碳排放。

问题 161. 建筑运行阶段碳排放如何计算？

答： 能源的碳排放因子（EF_i）按《建筑碳排放计算标准》（GB/T 51366—2019）附录 A 取值。

建筑运行阶段碳排放计算范围包括暖通空调、生活热水、照明及电梯、可再生能源、建筑碳汇系统在建筑运行期间的碳排放量。暖通空调系统应包括冷源能耗、热源能耗、输配系统及末端空气处理设备能耗。

建筑运行阶段单位建筑面积的总碳排放量 C_M 计算公式详见本书问题 157 中所示。

问题 162. 建造阶段碳排放如何计算？

答： 建筑建造阶段单位建筑面积的碳排放量 C_{JZ} 计算公式详见本书问题 157 中所示。

建筑建造阶段总能源用量 E_{jz} 计算公式如下：

$$E_{jz} = E_{fx} + E_{cs}$$

式中　E_{jz}——建筑建造阶段总能源用量（kWh 或 kg）；

　　　E_{fx}——分部分项工程总能源用量（kWh 或 kg）；

　　　E_{cs}——措施项目总能源用量（kWh 或 kg）。

能源的碳排放因子（EF_i）按《建筑碳排放计算标准》（GB/T 51366—2019）附录 A 取值；建筑建造阶段碳排放计算范围包括各部分分项工程施工产生的碳排放和各项措施项目实施过程产生的碳排放。

时间边界从项目开工起至项目竣工验收止。

措施项目能耗包括脚手架、模板及支架、垂直运输、建筑物超高等可计算工程量的措施项目。

问题 163. 拆除阶段碳排放如何计算？

答：建筑拆除阶段碳排放计算公式如下：

$$C_{CC} = \dfrac{\sum\limits_{i=1}^{n} E_{cc,i} EF_i}{A}$$

式中　C_{CC}——建筑拆除阶段单位建筑面积的碳排放量（$kgCO_2/m^2$）；

　　　$E_{cc,i}$——建筑拆除阶段第 i 种能源总用量（kWh 或 kg）；

　　　EF_i——第 i 种主要建材的消耗量；

　　　F_i——第 i 类能源的碳排放因子（$kgCO_2/kWh$）；

　　　A——建筑面积（m^2）。

人工、机械拆除能耗计算公式如下：

$$E_{cc} = \sum_{i=1}^{n} Q_{cc,i} f_{cc,i}$$

$$f_{cc,i} = \sum_{j=1}^{m} T_{B-i,j} R_j + E_{jj,i}$$

式中　E_{cc}——建筑拆除阶段能源用量（kWh 或 kg）；

　　　$Q_{cc,i}$——第 i 个拆除项目的工程量；

$f_{cc,i}$——第 i 个拆除项目每计量单位的能耗系数（kWh/
工程量计量单位或 kg/ 工程量计量单位）；

$T_{B-i,j}$——第 i 个拆除项目单位工程量第 j 种施工机械台
班消耗量；

R_j——第 i 个项目第 j 种施工机械单位台班的能源用量；

i——拆除工程中项目序号；

j——施工机械序号；

$E_{jj,i}$——第 i 个项目中，小型施工机具不列入机械台班
消耗量，但其消耗的能源列入材料的部分能源
用量（kWh）。

问题 164. 建筑材料"隐含能源"是什么？

答："隐含能源"或"隐含碳"是指一种材料在其生命周期中释放的温室气体所产生的总的影响。这个周期包含了开采、生产、建造、维护以及拆除。例如，钢筋混凝土是一种具有极高隐含能源的材料。在水泥的生产过程当中，大量的 CO_2 在爆烧阶段被释放，在此阶段，石灰石转化生成氧化钙（生石灰）。与此同时，还有化石燃料在锅炉中燃烧。如果把这类问题推广到砂石的开采过程、钢筋的生产过程、到建筑工地的运输过程，凡此种种综合累计加到一起，便能理解一个项目中的每一个决定对于环境的影响。这里讨论的碳排放分为两种，一种是隐含碳播放，一种是运行碳排放。后者指的是整个建筑生命周期中释放的所有二氧化碳，不仅考虑材料本身，还包括电能消耗、热量、冷量及其他。

计算方法可参考《建筑碳排放计算标准》（GB/T 51366—2019）、《建筑节能与可再生能源利用通用规范》（GB 55015—2021）。

第二章

建筑方案设计

第一节　城市更新设计

问题 165. 城市更新和既有建筑改造有什么区别？

答： 城市更新和既有建筑改造是两个不同的概念，它们在城市发展和建筑改造中有着不同的应用和影响。城市更新的概念更大一些，涵盖了既有建筑改造的范围。

城市更新是指**对整个城市或城市区域进行全面的改造和更新**，旨在提升城市的功能、形象和品质。城市更新通常包括对城市基础设施、公共空间、交通系统、居住区、商业区等方面的改善和升级。城市更新的目标是通过改造城市的物理环境，提高城市的可持续性、宜居性和经济发展水平。

既有建筑改造则是指**对已经存在的建筑物进行改造和更新，以适应新的需求和功能**。既有建筑改造可以包括对建筑外立面、内部空间、设备设施等方面的改善和升级。既有建筑改造的目标是提高建筑物的使用效率、节能环保性能，延长其使用寿命，并满足当代社会的需求。既有建筑改造包括住宅加装电梯、平屋顶改坡屋顶、城市核心商业区升级改造、办公区升级改造、旧工业厂区改造、文化街区建设、建筑立面改造、室内精装修的升级调整等内容。

总结来说，城市更新是对整个城市或城市区域进行全面改造和提升，而既有建筑改造则是对已有建筑物进行改善和更新。两者都是为了推动城市发展和提升城市品质，但在范围和目标上有所不同。

问题 166. 定向改造是什么？一般哪些项目是定向改造？

答： 定向改造指的是将城市更新的目标和范围局限在特定的区域或项目上，以解决特定的问题或达到特定的目标。相比于全面的城市更新，定向改造更加集中和有针对性。以下是一些常见的定向改造项目：

城市老旧小区改造： 定向改造老旧小区，包括改进房屋结构、提升生活环境、提供更好的社会服务设施等，旨在改善居民的居住条件和生活品质。

城市历史文化街区保护与复兴： 定向改造具有历史文化价值的街区，通过修缮、改善街区环境、促进古建筑修复等措施，以保护和恢复历史文化街区的特色与魅力。

城市商业中心更新： 定向改造衰退或老化的商业中心区域，提升商业配套设施、更新商业街区、引入新的商业业态等，以增强商业活力和吸引力。

城市产业园区升级： 定向改造传统产业园区，使其适应现代产业发展需求，包括改善园区的基础设施、提升园区环境、引入高科技产业等，以推动经济转型升级。

问题 167. 当代城市更新项目与新建项目相比，对建筑师而言，挑战究竟何在？

答： 这两者均要求建筑师具备全面且综合的问题解决能力，然而在城市更新的背景下，这些挑战往往显得更为复杂且独特。

首先，需明确的是，城市更新项目并非仅仅意味着推倒重建，而是在已存的城市结构上实施改造与升级。这一过程中，建筑师将遭遇更多的未知因素与创新挑战。与新建项目相比，城市更新项目往往缺乏固定的参考模式或既有的设计依据。每一个更新项目都独具特色，因为它涉及特定的历史背景、社会环境与文化脉络。

在城市更新项目中，建筑师不仅要关注建筑本身的设计和功能，还需深入考虑其与周边环境的和谐融合，如何延续城市的历史文脉，以及如何满足当地居民的需求与期望。这些错综复杂的因素无疑增大了城市更新项目的难度。

以某城市旧城区的更新为例：项目建筑历史悠久，结构复杂，且承载着深厚的文化底蕴。在更新设计过程中，建筑师需深入研究这些建筑的历史与文化背景，理解其在城市发展中的定位与功能。同时，他们还需在保留历史建筑风貌的基础上，进行功能上的优化与改造，以满足现代城市生活的需求。

此外，城市更新项目往往涉及多方利益相关者的协调与合作。政府、开发商、居民、商户等各有其诉求与期望，如何平衡这些不同的利益，是确保城市更新项目成功的关键。建筑师需具备卓越的沟通技巧与协调能力，以确保项目的顺利进行。

综上所述，当代城市更新项目对建筑师的最大挑战在于其复杂性与独特性。这类项目常面临无规范、无设计依据、无参照的情况。面对此等挑战，设计师必须展现出高度的创造性与问题解决能力，这既是对其专业能力的检验，也是对其创新思维的考验。

问题 168. 历史建筑和历史街区保护的概念细分包括哪些?

答：一般从**文物**和**建设**两个层面进行讨论。

文物层面是指《中华人民共和国文物保护法》规定的**文物保护单位**、**不可移动文物**等概念。文物层面的概念细分主要包括具有历史、艺术、科学价值的古文化遗址、古墓葬、古建筑、石窟寺和石刻、壁画；与重大历史事件、革命运动或者著名人物有关的以及具有重要纪念意义、教育意义或者史料价值的近代现代重要史迹、实物、代表性建筑；另外对于不可移动文物的分级也做了专门的规定：古文化遗址、古墓葬、古建筑、石窟寺、石刻、壁画、近代现代重要史迹和代表性建筑等不可移动文物，根据它们的历史、艺术、科学价值，可以分别确定为全国重点文物保护单位，省级文物保护单位，市、县级文物保护单位。

建设层面可参照在住房和城乡建设部的城镇村规划体系下，针对历史建筑和街区保护，制定的《历史文化名城名镇名村保护条例》进行理解。条例中的第四十七条对于历史建筑和历史文化街区有专门的定义。历史建筑是指**经城市、县人民政府确定公布的具有一定保护价值，能够反映历史风貌和地方特色，未公布为文物保护单位，也未登记为不可移动文物**

的建筑物、构筑物。历史文化街区是指经省、自治区、直辖市人民政府核定公布的保存文物特别丰富、历史建筑集中成片、能够较完整和真实地体现传统格局和历史风貌，并具有一定规模的区域。

问题 169. 城市更新与城市历史文化遗产保护有何异同？

答：城市更新和城市历史文化遗产保护面对的都是已建成的城市地区，因此两者之间存在着必然的联系。无论是在需要保护的地区还是在需要更新的地区，**都同时面临保护与更新两方面的问题**。差别是，在保护地区中，需要受到保护的东西所占的比重较大，而在更新地区，需要更新的东西占了绝大多数。

但是，不论是保护还是更新它们的目标是相同的，都是为了通过塑造一个富有特色的城市形象，通过改善城市的生活品质，去实现适应并促进城市持续发展的共同目标。

保护和更新的规划方法也是基本相同的，两者都是包含了城市规划和城市设计两方面的内容。因此，不论对城市中的哪个已建成的地区进行不同程度的再一次的建设，其目标都应同时考虑保护和更新两方面的要求。

问题 170. 城市更新项目中，针对建筑内部的功能进行置换之后，是否会涉及用地性质的变更？

答：在城市更新的宏大背景下，建筑内部功能的置换非常常见，目前全国各地正积极探寻解决之道，并普遍倾向于通过出台相关政策以推动此类问题的解决。

以北京市为例，随着城市发展的步伐加快，部分位于工业用地上的老旧厂房面临着业态转变的迫切需求。为此，北京市政府及时出台了一系列相关政策，为这些厂房的功能置换提供了明确的指导。例如，针对非营利性的常住型公寓，政策已明确规定其可与工业用地相兼容。这一政策的实施，不仅为老旧厂房的转型开辟了道路，更为城市更新的深入推进注入了新的动力。

从土地使用的视角审视，扩大土地性质的兼容性已成为解决此类问题的关键所在。以往土地的使用性质往往受到严格限定，如商业用地仅用于商业活动，工业用地仅用于工业生产等。然而，随着城市发展的多元化需求日益凸显，这种单一的土地使用模式已难以适应。因此，提升土地的兼容性，允许土地进行混合使用，已成为政策层面和体制层面解决此类问题的重要方向。

土地兼容性的变化为城市更新开辟了更为广阔的空间。以北京首钢园为例，这片原本专注于钢铁生产的工业用地，随着城市的发展，其生产价值逐渐减弱，园区的更新成为必然。通过土地兼容性的调整，首钢园成功实现了业态的转型，由单一的工业生产转变为集文化、艺术、商业、居住等多功能于一体的综合性园区。这一转变不仅丰富了园区的业态构成，也提升了园区的整体价值，为城市的发展注入了新的活力。

实际上，只有通过提升土地的兼容性，允许土地进行混合使用，才能有效支撑起大规模的园区更新。这一目标的实现，不仅需要政策的支持与引导，更需要社会各界的共同努力与配合。只有这样，才能充分利用有限的土地资源，推动城市的可持续发展。

问题 171. 城市更新项目建设过程中需要和哪些部门进行沟通协调？

答： 城市更新项目建设过程中需要与多个部门进行沟通协调，主要包括：

发展改革部门： 负责项目立项、审批等相关工作。

规划自然资源部门： 涉及城市规划、土地使用等审批事项。

住房和城乡建设部门： 负责城市更新项目的统筹协调、政策指导和项目库管理。

经济和信息化部门： 涉及社会投资项目的立项手续办理。

财政部门： 涉及项目资金的划拨和管理。

教育、科技、民政、生态环境、城市管理、交通、水务、商务、文化旅游、卫生健康、市场监管、国资、文物、园林绿化、金融监管、政务服务、人防、税务、公安、消防等部门：这些市级行业主管部门按照职责指导各区入库项目的谋划推进、分类管理和政策支持。

市场监管部门：涉及城市更新项目从事商业经营的证照办理。

消防部门：涉及城市更新项目的消防安全规范和审批。

区政府及相关部门：负责本区城市更新项目库的建立、项目计划的编制以及项目协调推进工作机制的建立。

问题 172. 城市更新项目审批流程具体是怎样的?

答：城市更新项目的审批流程通常包括以下几个步骤：

（1）申报城市更新单元计划：

确定申报主体：可以是权利主体（如村委会等）、权利主体委托的单一市场主体（个人或企业）或市、区政府相关部门。

改造意愿征集：需要满足一定的面积和数量比例，例如单一权利主体同意，或者达到 2/3 面积、数量，多地块的 4/5 面积。

申报材料准备：包括申报表、更新单元范围图纸、现状权属、建筑物信息、改造意愿书和照片等。

审批过程：区更新办核对资料（5 个工作日），资格认定、核查、综合判断（20 个工作日），报送主管部门审查资料，形成更新计划草案，并公示不少于 10 天，报市政府审批，审批通过后 5 个工作日内公示第一阶段达成的成果。

（2）项目立项：在项目规划（方案）设计的基础上，由项目实施主体完成项目立项工作，政府投资项目走审批程序，企业投资项目走备案程序。

（3）编制实施方案：项目实施主体在对项目区域现状调查、

可行性分析的基础上，编制城市更新项目实施方案。实施方案主要包括更新范围、内容、方式及规模、供地方式、招标方式、投融资模式（含资金筹措方式）、规划设计（含规划调整）方案、建设运营方案等内容。

（4）**方案审批**：项目实施方案需要政府城市更新管理部门审批，实施方案批复文件将作为后续规划管理和办理城市更新项目用地、环评、建设、交通、卫体、消防、园林绿化等相关审批手续的重要依据。

（5）**项目招标**：项目实施主体根据批复的实施方案通过竞争方式选择合适的投资方、建设（运营）方。

（6）**项目建设**：项目实施主体根据工程建设基本程序，办理前期施工手续，组织开展建设工作。涉及搬迁的，实施主体应与相关权利人协商一致，明确产权调换、货币补偿等方案，并签署相关协议；涉及土地供应的，实施主体组织开展产权归集、土地前期准备等工作，配合完成规划优化和更新项目土地供应等事项。

（7）**项目验收交付**：完成项目建设后，进行项目验收并交付使用。

问题 173. 基于运行视角的目标细分，如何归纳城市更新的结构体系？

答：基于运行视角的目标细分，城市更新理论结构体系可归纳为三维度八要素：三维度是指**主体资源、基础支持、赋能要素**；八要素是指**产业、空间、人才、资本、文化、科技、公共服务、城市治理**。

主体资源维度包括产业、空间和人才，这也是大多数城市具备的底层、基础要素和城市更新的主题要素。但是目前大多数城市更新关注更多的是空间方面的提升迭代（既有建筑改造），但是城市更新应该优先关注空间承载与产业匹配，其次是在产业匹配的前提下，如何引进优秀人才。

所以说空间、产业人才构成主体资源的最底层逻辑，在底层逻辑基础上，对主体资源进行赋能，实现城市更新的有机迭代，而赋能要素中的资本、文化、科技作为重要迭代升级更新的抓手，所以需要把资本、文化、科技与主体基础资源融合，促进两者的相互迭代相互增长相互驱动。另外在整体结构之上还有基础性的支持，即政府需要提供的城市公共服务体系、城市治理和管理能力以及城市执政能力，为城市更新提供基础支持。城市更新理论结构体系如下图所示。

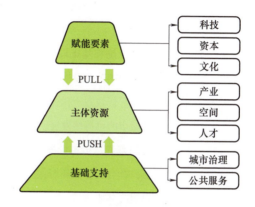

城市更新理论结构体系

问题 174. 什么是可持续发展的城市与共益社区？

答：在经历了疫情之后，每个人开始重新理解社区，深刻认识到城市这一"命运共同体""社区命运共同体"。城市作为一个复杂巨型系统，是最复杂的利益相关方经济系统，未来城市可能迈向可持续的共益城市与共益社区。这些城市与社区通常具有以下特点：

包容性和多样性：可持续发展的城市与社区注重包容性和多样性，包括种族、文化、经济和背景等方面。它们致力于创造一个多元文化的社会，使不同群体能够和谐共处。

社区参与和合作：可持续发展的城市与社区鼓励居民、企业和政府之间的合作，以促进社区的繁荣和可持续发展。它们致力于建立强大的社区关系，促进居民参与决策过程，并鼓励居民对社区事务做出贡献。

环境保护： 可持续发展的城市与社区注重环境保护，致力于减少碳排放、节约能源和减少浪费。它们采用可持续的建筑和城市规划方法，例如绿色建筑和智能城市规划，以降低环境影响。

经济繁荣： 可持续发展的城市与社区注重经济发展，致力于创造就业机会、促进创新和鼓励创业。它们致力于实现经济多样性，以减少对特定行业的依赖，并确保经济的可持续性。

公共设施和基础设施： 可持续发展的城市与社区注重提供高质量的公共设施和基础设施，例如交通、医疗保健和教育等。它们致力于确保居民能够获得平等的机会和资源，以支持城市的可持续发展。

总的来说，可持续发展的城市与共益社区追求平衡经济增长、社会包容和环境保护的目标，以确保城市的长期可持续发展。

问题 175. 城市更新单元划定的原则是什么？

答： 城市更新单元划定的原则主要有三个方面：首先是要考虑城市更新单元的内部**物质结构**，也就是将单元划分成为独立的、完整的、自成一体的城市更新区域；其次是要考虑城市更新单元的空间**位置结构**，也就是将单元划分成为内部联系紧密、外部联系紧密的区域；最后还需要考虑城市更新单元的**功能结构**，也就是将单元划分成为综合性、复合性、多样性的城市更新区域。

城市更新单元的划定需要充分考虑市政府、开发商和市民的利益，保证城市更新单元的合理性、可行性和可持续性。同时还需要充分调查和研究，尽可能全面地了解单元内部和外部的环境、需求和资源状况，为城市更新规划提供有价值的数据和依据。城市更新单元的划定原则可以因国家、地区和具体情况而有所不同。通常，城市更新单元的划定原则包括以下几个方面：

功能一致性： 城市更新单元应包含相近的功能区域，例如住宅区、商业区、工业区等，以满足不同需求和提供各类服务。

区域一体性： 城市更新单元应考虑区域的内在联系和连续性，避免过分隔离或孤立的单元，同时保持与周边区域的衔接与协作。

可持续性： 城市更新单元的划定应考虑可持续发展原则，包括资源利用、环境质量、交通便捷性等方面的因素，以促进绿色、低碳和可持续的发展。

社会多样性： 城市更新单元应促进社会多样性和包容性，不同社会群体的需求都得到适当考虑，避免社会排斥和不平等现象。

居民参与： 城市更新单元的划定应鼓励居民的参与和意见反馈，确保他们在城市更新过程中的利益得到充分保护和考虑。

经济可行性： 城市更新单元的划定应考虑经济可行性，确保项目的投资回报和可持续发展，同时吸引投资和促进经济增长。

文化保护： 城市更新单元的划定应尊重和保护地方的历史文化特色，保留有价值的历史建筑和文化遗产，促进城市的身份认同和文化传承。

问题 176. 常见的项目运营模式有哪几种？

答： 常见的项目运营模式有以下几种：

（1）经营—转让（operate—transfer，OT）： 指定项目的运营，甲方已经确定了项目是要干什么。

（2）修复—经营—转让（rehabilitate—operate—transfer，ROT）： 项目在使用后，发现损毁，项目设施的所有人进行修复恢复整顿—经营—转让，目前城市更新项目比较普遍遇到的，不设置目的的建筑物的更新保护与委托运营。

（3）建设—经营—转让（build-operate-transfer，BOT）： 项目公司对所建项目设施拥有所有权并负责经营，经过一定期限后，再将该项目移交给政府，像高速公路的收费站就是一种 BOT 项目。

问题 177. 什么是城市更新项目的运营？

答： 城市更新项目的运营有两个维度，**空间维度**与**时间维度**。空间是场地所处的位置与范围，是客观存在了十年二十年的地方；时间维度随着运营而不停地移动，是处于动态变化的过程。在空间与时间的维度中运营的是内容，运营的是时间与空间，创意与故事，在这个过程中经营感动，成就品牌 IP。

问题 178. 城市更新招商流程是怎样的？

答： 在城市更新中，业态的招商流程主要分为**招商筹备期**和**招商实施期**，具体的流程如下图所示。

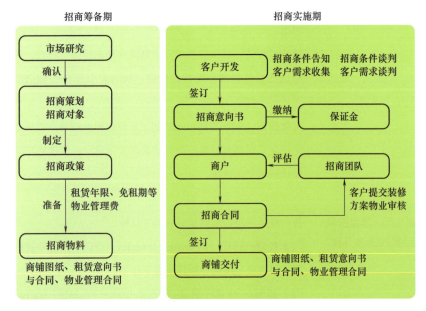

各业态招商流程示意

问题 179. 混合用地有哪些用地组合？

答： 混合用地主要有"鼓励混合"与"可混合"两种类型，国家和各级政府在《城乡用地分类与规划建设用地标准》（GB 50137）（征求意见稿）附件的条文说明中，对城市、镇建设混合用地如何设置使用提供了初步的参考指引，见下表。

城市建设用地的混合使用方式建议指引

用地类别代码		鼓励混合使用的用地	可混合使用的用地
大类	**中类**		
R	R2、R3	B1、B2	B3
A	A2、A4	—	B1、B2、B3
B	B1、B2	B1、B2	B3、B9、A2、R2、R3
M	M1、M2	W1、W2	B1、B2
W	W1、W2	M1、M2	B1、B2
S	S2	B1、B2、R2	A2
	S3	B1、B2	A2
U	U1	—	G1、A2、S4
	U2	—	G1、A2、S4

镇建设用地的混合使用方式建议指引

用地类别代码		鼓励混合使用的用地	可混合使用的用地
大类	**中类**		
R	R2、R3	B1	B9
A	A2	—	B1
B	B1	R2、R3	A2、B9
M	M1、M2	W1、W2	B1、B9
W	W1、W2	M1、M2	B1、B9
S	S2	B1	A2
U	U1	—	G1、S2
	U2	—	G1、S2

问题 180. 酒店改造项目中,可以通过哪些策略提升酒店的收益?

答: 在酒店改造项目中,实现收益增长的策略需严谨且细致。酒店作为一项重大投资,如何通过有效策略最大化收益,是每位酒店管理者必须深思的课题。

从成本控制的角度出发,在设计环节,需全面审视每一个细节,从源头上实现成本的有效控制。例如,在制定酒店改造策略时,需结合运营实际,对客房数量进行合理规划,过多或过少均可能影响盈利能力。同时,配套设施的配置也需审慎考量,如快捷型酒店的洗衣房设置,其数量、运营时间等均需经过精细计算和评估,因为这些均直接关系到运营成本,影响最终收益。

另一方面,开源增收也不可忽视。酒店要吸引更多客户,必须发掘并突出自身的独特卖点。这需要深入分析客户需求,结合项目所在地的特色,精准锁定目标客户群体。例如,若酒店位于旅游热点,可利用这一优势,打造具有当地特色的客房与服务,吸引更多游客入住。此外,提升服务质量、优化客户体验同样关键,使客户在享受服务的同时,感受到酒店的独特魅力。这样,客户不仅会在住店期间满意而归,还会在离开后留下深刻印象,成为酒店的忠实拥趸,为酒店带来更多收益。

某知名快捷酒店品牌在改造过程中,通过精细规划客房数量和配套设施,以及提升服务质量和客户体验,成功吸引了大量客户,并获得良好口碑。其成功经验表明,只要深入分析客户需求、精准定位目标客户群体,并制定出切实可行的改造策略,便能有效提升酒店收益。

综上所述,提升酒店收益的策略需从**成本控制**和**开源增收**两方面着手。在成本控制方面,需全面考虑设计、规划等各个环节,从源头上控制成本;在开源增收方面,需深入分析客户需求、精准定位目标客户群体,并打造具有独特魅力的客房与服务。只有这样,才能在竞争激烈的酒店市场中脱颖而出，实现收益的最大化。

问题 181. 建筑物理方面的设计是否应用在城市更新的项目中，具体有哪些应用?

答: 建筑物理是建筑性能很重要的一个指标，很多建筑更新是因为它的建筑物理性能落后了或者满足不了当前的一些要求，因此建筑物理性能的提升也是项目更新的出发点或者是动因。

首先，**能源效率设计**是其重要组成部分。在城市更新项目中，建筑师与工程师积极运用先进的节能技术，如高效节能玻璃、太阳能光伏板等，降低建筑能耗。以光伏板为例，其不仅为建筑提供清洁能源，更通过储能系统实现电能的自给自足，显著减少建筑运营成本。

此外，**采光与通风设计**也不容忽视。例如，优化窗户布局与遮阳设施，确保采光效果良好的同时，避免过度曝光带来的不适。同时，通风设计也有助于改善室内空气质量，降低污染物对居民健康的影响。

噪声与振动控制同样是建筑物理设计的关键领域。为降低噪声与振动对居民生活的影响，建筑师采用多种隔声材料与减振技术。例如，在交通要道附近的建筑项目中，采用隔声窗户与隔声墙板等隔声材料以降低噪声污染；在地铁、高铁等轨道交通项目周边，运用减振基础与隔振支座等技术减少振动对周边建筑与居民的影响。

随着科技的不断进步，**新兴技术与产品**为建筑物理性能的提升提供了更多可能性。例如，储能技术与直流电发电技术的应用为建筑提供了更稳定的能源供应；智能照明技术不仅提高了照明的舒适性与节能效果，还为人们带来了更为便捷的使用体验。

建筑物理性能的提升，常常是很多项目更新的一个出发点，在这种情况之下，新技术、新产品的应用是多种多样的，而且也为这种新技术的推广与实践创造了广阔的天地。

问题 182. 改造项目中如果涉及的地下空间需要和地铁共构，那么建设时序如何安排？

答： 在改造项目中，若涉及与地铁共构的地下空间，建设时序的安排需经过深思熟虑。地下空间的改造，特别在一线城市，地铁因素尤为关键，是一项重大的技术挑战。从建设时序的视角出发，没有固定的模式可循，但逻辑思考至关重要。首要考量的是**地铁线路状态**，即在建或已运营，这对于共构方案的可行性具有决定性影响。已运营的地铁线路，共构通常仅限于其附属设施的改造提升，而与线路本身共构的难度极大，除非改造项目紧邻在建地铁线路。此外，还需考虑**地铁运营方的具体要求**，不同运营单位的管理标准各异，因此与地铁运营方的沟通至关重要。

对于在建地铁线路，务必评估其建设时序与项目改造时序的匹配度。由于地铁建设周期较长，若短期内无法投入运营，则需慎重考虑共构方案的可行性，避免因此造成的不必要延误。

在地下空间改造中，新技术的应用也需关注。以北京西单地下空间改造为例，该项目在技术端与施工单位共同研发了逆作法施工工序，旨在优化防水措施及建设时序，确保对地铁影响最小化。每个项目的具体情况不同，但前述几个层面的问题需在项目前期予以充分考量。

问题 183. 改造项目中，为了保证业主正常的经营，降低收益损失，有时会采用边施工边经营的方式，这种情况下，过程中会遇到哪些难点和问题？有什么经验？

答： 在改造项目的实施过程中，为了保障业主的正常经营运作，降低收益损失，往往会采取边施工边经营的方案。在此情境下，通常会面临一系列挑战与问题。首先，对于此类项目，由于其在运营状态下进行，因此如何确保设计与施工之间的高度配合，以及如何实现精密的组织安排，成为至关重要的环节。这种运营模式要求在确保项目进度的同时，也要兼顾业主的日常经营需求。

在前期规划中，一次性设计要达到的整体目标往往需要在分步验收的过程中逐步实现，这是政策层面上的一个现实挑战。此外，在施工过程中，施工区域的安全防护、消防安全等问题也需要高度重视，以确保在运营过程中不出现安全事故。

在设计层面，由于改造项目可能涉及局部提升而非整体改造，因此在新旧标准的协调上也会遇到一定的困难。在改造区域内，需遵循新标准、新规范，而在未改造区域，则仍需按照原有的标准与规范进行操作。如何在这些不同的标准与规范之间找到平衡点，确保项目的顺利进行，是在设计过程中需要重点考虑的问题。

针对以上问题与挑战，需要在项目前期进行充分的策划与评估，全面考虑报审、施工、运营、验收等各个环节可能遇到的问题。只有这样，才能确保在边运营边改造的过程中，有效应对各种挑战，保障项目的顺利进行。这种策划与评估的理论，实际上是在设计阶段之前就需要考虑的问题，它对于确保项目的成功实施具有至关重要的作用。

问题 184. 既有商业建筑改造的要点有哪些?

答: 对于既有商业建筑改造的要点，首先从技术角度出发，消防和结构是必须着重考虑的方面。由于商业建筑通常属于人员密集区域，且部分建筑历史较为悠久，与现行法规标准之间可能存在较大差异。但是有一个好的趋势，当前不同城市已陆续出台了针对建筑消防和改造的指南政策。在进行改造前，必须结合改造目标及当地政策，进行详尽的可行性分析，确保改造方案的合理性与实施性。

在既有商业建筑的改造过程中，前期诊断工作尤为重要。尽管城市更新中普遍强调城市体检，但具体到单体建筑时，仍需针对建筑原有业态、期望提升目标以及商业定位进行全面诊断。对于旧三类建筑而言，尽管其技术问题复杂多样，难以聚焦于一两点，但从流程上而言，一个全面的诊断至关重要。该诊断应涵盖业态、定位、技术、成本等多个方面，并据此形成明确的改造目标和改造路线图。

在执行改造过程中，如遇具体问题，需根据实际情况灵活应对，采取针对性的解决方案。

问题 185. 在建筑改造更新的项目中，是应该选择与周边环境相融合，还是选择增强对比张力呢？

答： 在建筑改造更新的项目中，关于是否选择与周边环境相融合或增强对比张力的问题，实际上并没有绝对的答案。然而，有两个核心原则必须得到严格遵守：首先，必须尊重规划上位；其次，必须尊重城市风貌，并在此基础上进行合理的决策。

在实际操作中，每个建筑都如同电影中的角色，既有主角也有配角。若选择增强对比张力，其目的可能是希望建筑能在环境中脱颖而出，如同电影中的主角；而选择融入环境，则如同甘心扮演绿叶，和谐地融入周边环境。这两种呈现方式在改造项目中均有所体现。

一方面，通过大胆的创意和与既有环境产生强烈冲突的张力形式介入，有可能打造出引人注目的地标性建筑，为城市留下深刻的印象，这是一种成功的模式。另一方面，融入城市风貌，体现原有城市的年代感、生活场景或真正的城市品质，同样是一种成功的体现。只要在这两方面做得好，都可以视为优秀的建筑改造项目。

综上所述，无论选择何种方式，都必须坚守尊重上位规划和尊重城市风貌这两条底线。

问题 186. 改造项目建筑设计流程和各阶段与新建项目有哪些不同？

答： 关于改造项目与新建项目在建筑设计流程及其各阶段中的差异性，尽管两者均属于开发项目或基建项目范畴，但在流程细节与侧重点上存在明显不同。对于新建项目，其流程主要围绕前策划与后评估展开，即前期明确项目目标并进行详细规划，项目完成后进行效果评估。

然而，对于改造项目而言，由于其涉及对现有建筑的调整或优化，因此在流程上需要先进行评估，以明确现有建筑存在的问题和改造的可行性。在评估基础上，再进行目标明确的策划与后期效果评估，形成了一个先评估、再策划、后评估的闭环流程。

从开发流程的具体步骤来看，尽管不同地区的规章制度有所差异，但大体上遵循前期报方案、获取建筑工程规划许可证、施工图外审、取得开工证、施工分步分项验收、综合验收等常规流程。但在应用于改造项目时，由于先评估的存在，每个阶段的思维方式和侧重点都会有所不同。

在新建项目中，前期可能更注重造型、空间、指标以及与业主需求的吻合度等要素。而改造项目在前期则需要深入考虑技术层面的问题，如消防支撑能力、成本效益分析、结构改造代价以及机电设施设备的适配性等。这些问题在改造项目中具有更高的复杂性和挑战性，因此需要更长的考虑周期和更细致的规划。

总体而言，改造项目与新建项目在建筑设计流程及其各阶段中的差异主要体现在思维方式、侧重点和流程细节上。通过严格遵循先评估、再策划、后评估的闭环流程，并针对不同阶段的特点进行细致规划，可以形成与城市更新或改造项目相匹配的一套思维方式和方法，从而更好地满足项目需求并实现预期效果。

问题 187. 改造项目建筑设计中关键难点、要点及技术问题有哪些？

答： 关于改造项目建筑设计，其所面临的关键难点、要点及技术问题主要包括以下几个方面：首先，应当明确项目的目标与愿景。在进行任何工作之前，都必须清晰地了解项目的出发点和目的。对于改造项目而言，设定目标后，实现过程往往复杂多变，特别是成本控制方面，可能面临超出预算的挑战，此时需要对目标进行合理的调整与预期管理。

此外，地方政策也是必须考虑的重要因素。虽然当前政策层面对于改造项目持有积极态度，但某些地区可能尚未出台相应的政策或支持措施，这对项目的推进产生了一定影响。特别是涉及消防安全等方面，必须严格遵守当地法规与标准。

在设定目标时，需要从产品、技术、政策和运营四个维度进行综合考虑。这四个维度相互关联，共同构成了项目实施的完整框架。例如，业主可能期望通过改造提升商业业态，但如果在实施过程中发现需要增加疏散楼梯并牺牲大量使用面积，那么可能需要重新审视和调整原有目标。

综上所述，制定一个合理的目标并明确实现路径是改造项目建筑设计的关键，需要从多个维度出发，全面考虑各种因素，确保项目的顺利进行和最终目标的达成。

问题 188. 城市更新的主要方式有哪些？

答： 目前常见的城市更新方法有以下三种：

（1）再开发： 再开发的对象是指建筑物、公共服务设施、市政设施等有关城市生活环境要素的质量全面恶化的地区。这些要素已无法通过其他方式，使其重新适应当前城市生活的要求，必须拆除原有的建筑物，并对整个地区重新考虑合理的使用方案。

（2）整治改善： 整治改善的对象是建筑物和其他市政设施尚可使用，但由于缺乏维护而产生设施老化、建筑破损、环境不佳的地区。若建筑物经维修改建和更新设备后，尚可在相当长的时期内继续使用的，则应对建筑物进行不同程度的改建。若建筑物经维修改建和更新设备后仍无法使用或建筑物密度过大，土地或建筑物的使用不当等情况时，可采用拆除部分建筑物，改变建筑和土地的用途等。若该地区的主要问题是公共服务设施的缺乏或布局不当时，则应增加或重新调整公共服务设施的配置与布局。

（3）保护： 保护适用于历史建筑或环境状况保持良好的历史

地区。保护是社会结构变动最小，环境能耗最低的"更新"方式，也是一种预防性的措施，适用于历史城市和历史城区。历史地区保护更多关心的是外部环境，强调保护延续地区居民的生活。保护除对物质形态环境进行改善之外，还应就限制建筑密度、人口密度，建筑物用途及其合理分配和布局等提出具体的规定。

问题 189. 目前大多数成功的城市更新项目集中在一线城市，三四线城市更新是否必要？

答：关于城市更新的必要性，不应仅局限于一线城市的视角进行考量。城市更新并非受限于一线、二线或三线城市的标签，而是随着我国城市化进程的不断深化，城市更新已然成为推动城市进一步发展的主要方向，也是这个时代所面临的重要课题。当前，城市更新作为下一步发展的必然选择，旨在实现高质量发展、可持续发展，以及在新质生产力状态下的持续发展。尽管在一线城市中，成功的城市更新案例较为丰富，但在三四线城市，尽管城市能级相对较低，成功案例相对较少，但这并不意味着城市更新在这些城市中的必要性有所降低。实际上，城市更新在这些城市中同样重要，尤其是在进行以建筑设计为主题的项目时，设计师更应注重成本控制，力求以较小的投入实现较大的收益。

问题 190. 为什么说前期策划在城市更新项目全流程中具有举足轻重的地位，在城市更新改造的项目中，策划是否需要找专门的策划团队？建筑师是否也可以尝试以策划的角色参与到项目之中？

答：在城市更新项目的全流程中，前期策划的地位至关重要。对于城市更新改造项目，策划的必要性不容忽视。首先，策划在新建或更新项目中都发挥着举足轻重的作用，其重要性不言而喻。这不仅涵盖了诊断或评估的概念，这些实际上也是策划的组成部分。对于策划的理解应当更为广泛，其内涵和外延远超传统商业建筑的商业策划或某一产业园的产业策划，特别是在城市更新项目中，策划的范畴更为广阔。

至于是否需要找专业的策划团队，这取决于项目的具体需求。例如，商业建筑和产业建筑的策划，特别是涉及专业的商业策划和产业策划时，专业团队的参与是必不可少的。然而，从广义的策划角度来看，建筑师虽不能替代狭义策划的专业角色，但必须具备策划的相关知识储备，并至少参与到策划阶段。这并不意味着建筑师必须以策划者的身份介入，而是需要参与到策划的过程中，如既有建筑的诊断等。同时，建筑师的专业知识与专业策划团队相辅相成，共同为业主的策划定位提供技术支持。因此，专业策划团队的存在是不可或缺的，而建筑师则应确保参与策划的各个阶段。

问题 191. 在商业地产中，一铺一租金，不同区位、不同楼层、不同业态的租金都得单算，是什么原因？

答：在商业地产领域，租金定价呈现高度个性化，其差异源于不同区位、楼层及业态的考量。首要因素是地段，其重要性在商业运营中不言而喻。在建筑内部，楼层与区域的位置直接关联到租金的差异性。以位于主入口的商铺为例，其显著的人流聚集与展示效应，必然导致租金的大幅上升。

除地段外，业态组合同样对租金定价产生深远影响。合理的业态组合能有效吸引消费者，进而促进商场的整体繁荣。为实现这一目标，商场管理者可能会采取租金优惠等措施，以吸引特定业态的入驻，如引入首店或区域第一店。这种策略旨在通过优化业态组合，满足商场服务区域及消费者的需求。

因此，在商业领域，不同楼层、区位甚至单一商铺的高额租金，均是地段、业态组合及商场所有者与未来品牌博弈的综合结果。建筑师在参与商业地产项目时，虽不必达到专业商业策划和产业策划的水平，但应具备相应的知识储备，以便与业主和策划团队进行有效沟通，确保项目的顺利进行。

问题 192. 商业业态对于遗产保护性要求有没有冲突，如何化解这些冲突？

答： 关于商业业态与遗产保护性要求之间的潜在矛盾及其化解方式，需要以严谨、稳重的态度进行考量。

若项目范围内存在遗产保护建筑，或项目本身即位于保护区域之中，此类情境下，两者之间的潜在矛盾自然显现。这里使用"矛盾"一词，意在强调在特定条件下，两者之间的差异性。然而，必须明确这种矛盾并非等同于冲突，不宜以冲突的角度进行简单解读。

当项目开发涉及或包含遗产时，必然面临诸多限制，如建筑开发的规模、体量、颜色，甚至材质和风貌等。面对这些限制性因素，应持积极态度，思考如何将其转化为项目的独特亮点。在城市更新的过程中，寻找项目的亮点或吸引点往往是一大挑战，而若能妥善利用这些遗产元素，则能有效化解潜在矛盾，突显项目的特色。

事实上，国内外已有众多成功案例，它们将遗产与限制性因素视为项目的积极元素，从而成功打造出了项目的亮点。例如雍和宫大街片区改造、前门大街片区改造等。这一做法值得深入学习和借鉴。

问题 193. 中小城市老城区的城市更新项目，常见的工作方式是边设计边施工边找新的更新点，导致这种现象的主要原因是什么？设计方又该怎样避免这种现象呢？

答： 出现这种现象的原因是多方面的，例如资金方面的限制，中小城市的资金资源相对有限，一般是无法一次性完成全面的城市更新项目，所以会出现施工、设计同时进行的现象；也有可能是更新点的不确定性的问题，老城区的更新项目通常面临更新点的选择难题，在施工过程中可能会出现一些预期之外的问题，例如意外发现历史文物遗址或受保护建筑物，这就需要重新调整方案和更新点。其实归根结底，最重要的是没有针对项目进行统筹思考和管理，需要在项目初期就建立有效的项目管理机制，确保设计和施工工作的协调和监督。通过合理的规划和时间安排，尽量减少在施工过程中的变动和调整，避免过多的返工和浪费。

问题 194. 酒店和公寓可以做到工业用地上吗？用地功能上会吻合吗？

答： 一般情况下，酒店和公寓的用地功能与工业用地的规划和定位是不吻合的。工业用地通常用于工业制造、物流配送和相关的生产活动，与提供住宿服务的酒店和公寓的功能不相符。

酒店是提供短期住宿服务的建筑物，旨在提供客房、接待服务、餐饮等，以满足旅行者的需求。公寓则是为长期租赁居住的居民提供住宅服务的建筑物，通常包含独立的住宅单元。

然而，在特定情况下，一些地区的规划政策可能允许在工业用地上建设和运营酒店或公寓，这通常需要获得相应的审批和许可。在这种情况下，一般会有特殊的规定和要求，以确保公共安全、环境保护和规划协调等相关问题。因此，想要在工业用地上建设酒店或公寓，需要与当地规划部门或城市管理部门联系，了解相关的法规、政策和规定，以确保合规，并进行相应的申请和审批程序。每个地区的规定可能会有所不同，需要具体咨询当地相关部门。

问题 195. 通过什么样的城市更新的策略，能够使得高密度住区实现健康发展？

答： 可参考以下策略：

（1）在集约紧凑的布局下，通过将公共空间巧妙地融入城市的核心地区和居住区，减少了人们的通勤时间和交通拥堵问题。人们可以方便地步行或骑行到达各类设施和商业中心，享受便捷的出行方式。

（2）完善住区的公共服务配套。完善教育、医疗、体育等公共服务设施，通过提供齐全而便捷的公共服务设施，可以满足居民日常生活的各种需求，提供便利、安全和高效的服务体验。

（3）打造慢行交通体系，促进绿色交通。通过鼓励和改善慢行交通方式，可以减少对传统机动车辆的依赖，降低交通拥堵、减少尾气排放和环境污染，同时提高居民的身体健康和生活质量。

问题 196. 城市更新背景下如何提高城市品质？

答：在城市更新的大背景下，为有效提高城市品质，应着重关注以下几点：

规划与城市设计：应通过严谨、科学的城市规划与设计手段，进一步优化城市的空间布局，强化城市的各项功能，并提升城市的整体景观美感。

基础设施完善：应全面审视并补齐城市基础设施的短板，对交通、供水、排水、电力等关键领域进行改善与升级，以显著提升城市的宜居性。例如，优化道路网络、推广公共交通、建设自行车道等，同时提供高质量的教育机构、医疗设施、文化活动中心等公共设施，以满足市民的基本生活需求。

生态宜居环境建设：应致力于增加城市的绿地和公共空间，改善城市的生态环境，从而有效提升居民的生活质量。例如，通过增加公园、花园和绿化带的面积，为市民提供更多的绿色休闲与娱乐空间。

城市文化与记忆的保护：应重视城市历史文化的保护与传承，增强城市的文化内涵和吸引力，为市民提供更为丰富的文化体验。

智能化建设：应积极推进智慧城市建设，充分利用信息技术提升城市的管理效率和服务水平，为市民带来更为便捷、智能的城市生活。

城市安全韧性增强：应切实加强城市的安全管理，包括改善治安环境、制定并执行防灾减灾措施等，以确保城市的安全与稳定。

问题 197. 在城市更新项目中，对于拆除的建筑面积不超过总建筑面积的 20% 的这一指标应该怎么选才能使利益最大化？

答： 2021 年 8 月，住房和城乡建设部发布《关于在实施城市更新行动中防止大拆大建问题的通知》旨在调整城市开发建设策略，秉持"留改拆"并行的原则，以保留、改造、提升为主导，严格管理大拆大建行为，强化修缮改造工作，注重功能提升，以增强城市活力。除违法建筑及经专业机构鉴定为危房且无修缮保留价值的建筑外，应避免大规模、集中性拆除现有建筑，原则上城市更新单元（片区）或项目内的拆除建筑面积不应超过现状总建筑面积的 20%。同时，须严格控制大规模增建，除必要公共服务设施外，不得大规模扩大老城区建设规模，不得突破原有密度强度，避免增加资源环境承载压力，原则上城市更新单元（片区）或项目内的拆建比不应超过 2。此外，须严格控制大规模搬迁，避免大规模、强制性搬迁居民，以保持社会结构的稳定，不割裂人、地、文化之间的联系。在居民安置方面，应尊重居民意愿，鼓励以就地、就近安置为主，优化居住条件，维护邻里关系和社会结构，城市更新单元（片区）或项目的居民就地、就近安置率应不低于 50%。

在实施过程中，应遵循以下原则：

（1）**现状评估：** 对现有建筑进行全面评估，明确保留与拆除的对象，充分挖掘改造潜力，力求最大限度地减少拆除行为。

（2）**功能优化：** 优先拆除功能不合理、利用率低的建筑，释放空间以进行功能优化与提升。

（3）**经济效益：** 在拆除与新建过程中，应充分考虑经济效益，选择能够带来最大经济回报的方案。

（4）**社会效益：** 兼顾社会效益，确保拆除与新建工作能够提升居民生活质量，塑造良好的城市形象。

问题 198. 历史老街的改造设计中，面对业态升级的需求和新的消费趋势，如何既能够延续老街的历史记忆，又能够完善商业架构？

答：**（1）历史元素保留：** 为确保城市风貌的完整性和历史价值的传承，致力于保留和修复具有历史意义的建筑和街区。在保留原貌的基础上，进行必要的更新，以符合现代城市风貌的要求。这一举措旨在保留城市的历史元素，并维护历史街区的独特风貌。

（2）业态升级： 鉴于风貌区内居民生活的实际需求，在确保历史元素和文化记忆的同时，进行业态升级。通过引入符合现代消费趋势的新业态，如特色餐饮、文化创意、休闲娱乐等，提升商业活力，为居民和游客提供更加丰富的消费体验。

（3）功能复合： 为实现商业、文化、旅游等功能的复合发展，应增强老街的吸引力和竞争力。一个充满活力且具备多种功能的街区，将更易于吸引人流，并促进老街的长远发展。

（4）基础设施提升： 为改善商业环境和提升顾客体验，应对老街的基础设施进行全面升级。这包括改善道路状况、提供便利的停车设施、改善排水系统和供电设施等。应综合考虑各种因素，确保基础设施的完善与统一。

（5）公共空间激活： 为增强老街的互动性和社交功能，应改善公共空间，提供休闲、娱乐和社交活动的场所。通过增加人们在老街的停留时间和互动机会，为居民和游客创造更加舒适和宜人的环境。同时，也应注重公共空间的人性化设计，以满足不同人群的需求。

问题 199. 在老旧小区改造过程中，如何合理安排居民的搬迁和安置，并确保他们的基本权益和生活需求得到妥善解决？

答：**（1）政策保障：** 为确保居民的合法权益得到充分尊重，应制定并推行严谨合理的搬迁和安置政策。

（2）安置房源： 为保障居民搬迁的顺利进行，应提供充足的安置房源，确保居民能够顺利实现搬迁与安置。

（3）补偿机制： 应建立公平、透明的补偿机制，旨在保障居民在搬迁过程中的经济利益不受损害。

（4）生活保障： 在搬迁与安置的全过程中，应重点关注并确保居民的基本生活需求得到妥善满足，包括但不限于教育、医疗、交通等方面的服务。

（5）居民参与： 为提升居民对改造项目的认同感和参与度，应在决策过程中积极征求并充分考虑居民的意见和建议，鼓励居民参与到改造规划的制定中。

（6）搬迁规划： 应制定详尽的搬迁计划，明确搬迁时间、地点和方式等关键信息，以确保搬迁过程的有序进行。在选择搬迁地点时，应充分考虑居民的生活习惯、社交关系以及就业机会等因素，以最大程度地减少搬迁对居民生活的影响。

问题 200. 既有商务办公建筑的改造，针对采光不足、管线老化等问题，具体可以采取哪些策略和措施？

答： 既有商务办公建筑的改造，针对采光不足、管线老化等常见问题，以下是建议的策略和措施：

（1）在建筑立面改造方面，为改善采光条件，可采取增加窗户数量、使用高透光率材料以及优化室内布局等措施。同时，对外立面设计进行精细化调整，以提升建筑的整体形象。

（2）在功能优化改造方面，应重新规划内部空间布局，以提高使用效率。此外，增设休憩、交流等公共空间，旨在提升办公效率和员工舒适度。

（3）针对机电系统改造，应对老化的管线进行全面检查，并根据需要进行更新替换，以确保供水、供电、排水等系统的稳定运行。同时，对空调、照明等设备进行优化升级，提高能源利用效率。

（4）在设备升级改造方面，建议引入智能化系统，以提升建筑的自动化管理水平。此外，对电梯、安防等设备进行升级换代，以提高使用体验和安全性。

（5）节能改造是提升建筑能源利用效率的关键环节。建议采用节能环保的建筑材料和设备，以降低能耗，实现绿色办公。

问题 201. 划拨地与出让地有什么区别？

答：关于划拨地和出让地的区别，主要分为以下三个方面：

第一，从土地性质的角度出发，划拨地是指政府无偿提供给单位或个人使用的土地，其使用目的主要限定于公益性项目，诸如学校、医院等公共设施的建设。而出让地则是由政府通过招标、拍卖等有偿方式出让给单位或个人使用的土地，其用途多侧重于商业、住宅等营利性项目的开发。

第二，就土地使用权而言，划拨地的使用权存在限制，使用人不得擅自进行转让、出租或抵押等交易行为。而出让地的使用权则较为灵活，使用人在符合相关法律法规的前提下，有权进行转让、出租或抵押等经济活动。

第三，从土地费用的角度审视，划拨地为无偿使用，使用人无需支付土地出让金。而出让地则需支付土地出让金，且其使用权期限一般为 40 年至 70 年。

问题 202. 什么是耕地占补平衡？

答：耕地占补平衡是指在进行土地使用转变、占用或征收时，确保新增占用或征收的耕地面积能够得到相应的补平，使总的耕地数量保持平衡的一种制度安排。

耕地占补平衡制度是为了保护和维护耕地资源，保证农业可持续发展而设立的一项制度，其目的是在进行耕地转用、占用或征收时，对原有的耕地进行合理的补充或补偿，以保持耕地资源的总量和质量稳定。这种制度的实施可以确保耕地资源的可持续性利用，防止耕地的不合理占用和质量下降，从而保障粮食安全和农业发展。

具体实施方法和标准在各国和地区可能会有所不同，通常需要进行耕地占用补偿费用的支付、对被占用或征收的耕地进行相应的补种、改良或补充等措施，以达到耕地资源平衡的目标。相关的法律法规和政策文件可以提供更详细和具体的规定。

问题 203. 城市更新经济平衡逻辑是什么?

答: 城市更新经济平衡逻辑是指在进行城市更新项目时,追求经济可持续发展、提升城市经济活力的一种逻辑思维和方法。其核心目标是在城市更新过程中实现经济效益、社会效益和环境效益的平衡。

城市更新经济平衡逻辑通常包括以下几个方面:

经济效益: 通过更新项目,提升城市的整体经济水平和竞争力,包括吸引投资、促进产业升级、提供就业机会等经济方面的效益。这一方面的重点是确保项目的可持续发展和经济收益。

社会效益: 关注城市居民的利益和幸福感,提供更好的居住条件、社区设施和公共服务设施,改善居民的生活质量。同时,注重社会包容性,保障低收入群体和弱势群体的利益。

环境效益: 注重生态环境的保护与改善,推动绿色、可持续的城市发展,减少资源消耗和环境污染,提高城市的生态品质和可持续性。

实现城市更新经济平衡需要综合考虑经济、社会和环境等多个因素的关系,并在项目规划、设计和实施过程中进行权衡和折中。相关的城市规划、产业发展、社会保障和环境保护等政策和措施,都可以用来支持和实现城市更新经济平衡的目标。

问题 204. 酒店改造项目中各个改造部分,大概的投资占比是多少?

答: 在实施一个全面的酒店改造项目时,各个具体改造领域的投资比重是一个核心的财务规划要素。对于**建筑外立面和大堂区域的改造**,这部分投资主要目的是为了打造一个吸引人的门面和提供一个高端的客户接待环境。作为酒店形象和功能的重要组成部分,外立面和大堂的改造通常涉及材料选择、设计创新和功能优化，因此需要相对较高的资金投入。根据过往经验和项目预算，**这一部分的预计投资比例大概在项目总资金的 20%~30%**。

对于**客房和套房的改造**，这部分的投资占比通常较高，因为客房和套房是酒店提供给顾客的主要产品，它们的舒适度和设计风格直接关系到顾客的满意度和酒店的口碑。改造时，可能会包括重新设计内部布局、更新家具和装饰、改善浴室设施等，以提升客人的住宿体验。因此，这一区域的预计投资比例往往**占据整个改造项目的 30%~40%**。

在公共区域的改造方面，通常包括餐厅、会议厅、休闲健身设施以及大堂酒吧等多个功能区的升级。这些区域的改造不仅关注美观和风格的一致性，还需要考虑到功能性和高科技含量的提升，比如安装现代化的信息查询系统、音响设备更新换代等。综合考虑这些因素，公共区域的改造预计投资比例通常在**总投资的 20%~30%**。

最后，酒店改造中的**设备和技术升级**部分，是确保酒店运营效率和顾客体验与时俱进的关键。这可能包括更换老旧的空调系统、引入智能化的房屋管理系统、升级网络安全设施等。这些技术的更新换代对于酒店的长远发展至关重要，但相对于其他部分的改造，其投资比例通常较低，预计在**总投资的 10%~15%**。

酒店改造项目在分配投资比重时，应综合考虑各部分对于酒店整体价值和运营的重要性，以及未来的发展趋势和预算限制，合理分配投资比例，确保每一分资金都能发挥最大的效用。

问题 205. 如何进行商业客群、人流量及商业规模的确定和分析？

答：在确定和分析商业客群、人流量及商业规模的过程中，可采取以下方法：

（1）市场调研：为确保商业项目的精准定位，首先需通过严谨的问卷调查、访谈等市场研究方法，深入了解目标客群的需求和偏好。在商业项目的初期阶段，市场调研是不可或缺的科研步骤。

（2）数据分析： 应系统收集并分析目标区域的人口结构、消费水平、竞争格局等基础数据，以全面了解当地的消费特征和市场需求。借助先进的大数据分析技术，进一步解析人流量、消费行为等数据，从而精确确定商业规模和布局。

（3）竞争分析： 为确保项目在市场中的竞争优势，需要对周边竞争对手进行全面分析，预测目标区域的客流量和商业规模需求，进而明确自身的市场定位，并制定有效的竞争策略。

（4）需求预测： 基于市场调研和数据分析的结果，运用科学的方法预测未来的商业需求，并据此制定详细且合理的规划和策略，以确保项目的可持续发展。

问题 206. 有哪些适合地下空间的业态？

答： 针对地下空间的业态选择，以下是一些适宜的推荐：

（1）交通设施： 地下停车场作为交通设施之一，其实用性极为显著。鉴于如北京地价高昂，项目开发时通常会综合考虑地上地下空间的统一规划与利用，以最大化价值。

（2）商业餐饮： 在地下空间内，可以布局超市、便利店、商场、餐厅等商业餐饮业态。

（3）休闲娱乐： 电影院、健身房等休闲娱乐设施适合设置在地下空间。尤其在高温季节，地下空间成为居民避暑的好去处。同时，地下空间还可作为培训机构等场所的备选，为居民提供多样化的休闲与学习选择。

（4）公共服务： 地下空间也可用于公共服务设施的建设，如社区服务中心等。通过合理规划，地下空间可以成为街道老年人活动中心等公共服务场所，提供绘画、刺绣等文化娱乐活动，充分利用地下空间资源。

问题 207. 在产业园区更新中，如何避免现有企业的流失？

答： 在产业园区更新过程中，为确保现有企业的稳定与留存，需采取以下策略：

（1）政策支持： 为吸引和稳固企业，需制定并实施一系列优惠政策和扶持措施。在产业园区的更新改造中，政策支持是首要考虑的因素。特别是在改造期间，企业的生产和经营可能受到影响，因此，必须提供相应的优惠政策以减轻其压力。

（2）基础设施升级： 对园区的基础设施进行必要的改善和升级，以提升园区的整体吸引力和竞争力。这不仅有利于提升生产便利性，还能为企业塑造更好的形象。基础设施的革新是确保园区持续发展的基础。

（3）服务品质提升： 需致力于提供优质的企业服务，包括但不限于金融支持、技术支持和人才引进等，以增强企业的满意度和忠诚度。通过提升服务品质，旨在提升企业的整体满意度，从而确保员工的稳定性和企业的长期发展。

（4）加强沟通协调： 需积极与企业进行沟通和协调，及时了解并解决企业在发展过程中遇到的问题。这有助于建立和谐稳定的园区环境，促进企业的稳定发展。

问题 208. 一般针对改造项目来说，改造之后的业态是运营方主导还是设计方主导？

答： 在大多数情况下，对于一个改造项目而言，其业态的运营主导权归运营方所有，而设计方则扮演一个较为次要的角色。通常，当一个改造项目最终完成后，运营方将承担起对该项目的经营和管理责任，如招商、租赁、运营和维护等工作。与此同时，设计方在项目改造过程中的主要职责是进行规划和设计，如建筑设计、景观设计和功能规划等。他们的工作重点在于确保项目的外观、布局和功能性能够满足既定的改造目标和需求。因此，设计方的主要影响力和主导角色集中在项目改造的规划和设计阶段。

对于运营方而言，他们在项目改造完成后的主要任务是对项目进行全面的运营管理。这包括制定商业计划、运营策略、租赁合同等，以确保项目能够实现经济效益的最大化和可持续发展。运营方需要根据市场的需求和项目的特点，制定出合适的经营策略，以吸引租户和顾客，提高项目的商业价值。同时，他们还需要负责对项目的日常维护和管理，确保项目的设施和环境能够保持良好的状态，提供优质的服务。因此，改造项目完成后的业态运营应该由运营方主导，而设计方的角色相对较小。设计和运营两个方面相辅相成，共同推动项目的成功。设计方通过精心规划和设计，为项目改造提供了良好的基础和条件，而运营方则通过有效的运营管理，将设计转化为现实，实现项目的商业价值和经济效益。只有设计和运营双方能够紧密合作，相互理解和支持，才能确保改造项目的成功和可持续发展。

问题 209. 城市更新项目中，前期策划的主要工作内容是什么？

答： 在城市更新项目中，前期策划的工作一般包括以下内容：

（1）需求分析与目标设定： 了解城市更新项目的背景和目标，与相关利益方进行沟通，明确项目的主要需求和期望目标。

（2）市场调研和数据分析： 收集城市产业、经济、人口等数据，对于市场竞品等进行调研，了解城市更新项目的市场潜力和发展趋势，以此来评估项目的可行性。

（3）市场定位： 通过市场数据的调研，制定主题定位、市场形象、功能定位、业态分布比例、项目文化策略等具体的定位和目标。

（4）项目财务分析和开发节奏推荐： 通过对项目的成本分析以及项目的动态平衡分析，提出资金平衡建议以及开发节奏的建议。

（5）确定营销目标及模式： 根据整体的营销目标，确定项目的营销模式和营销策略，具体的工作包括营销节点策划、事件营销策划、营销推广企划等。

（6）经济及社会效益分析： 评估项目的整体经济效益以及项目的社会效益，并根据效益的预估，制定项目的运营管理模式和架构，并评估运营成本对项目的影响度。

问题 210. 不同开发主体开发下的城市更新模式有什么区别？

答： 开发主体不同，对项目的管控程度与参与度也是不同的。政府积极介入，开拓市场盲区；开发商突破自身局限，争取更多机会；金融机构以项目总包为基础，向 EPC 模式迈进；小型机构则从项目全程介入，作为运营起点。

管控度（管控能力）： 政府＞开发商＞金融机构＞小型机构。

参与度： 政府＜开发商＜金融机构＜小型机构。

问题 211. 我国目前的城市更新项目有哪些不同的开发主体？

答：（1）以政府为主体的城市更新： 带有政治目的，为了城市美化，消除老旧区域，进行旧城改造。

主体：各级政府、规划局。

主要思路：老旧住宅改造、历史文化街区升级、村落整体提升等。

主要特点：难度较小，工作琐碎，利润待查，介入较难。

（2）以开发商为主体的城市更新： 开发商迎合政府进行开发模式的转型，从销售型转变为长期持有型，通过物业开发等措施进行长期持有的转型与改造。

主体：各大开发商。

主要思路：自持物业升级、并购物业转型。

主要特点：转型自持，核心精品客户维系，被动转主动，统一出口可见利润不高，利于企业宣传。

（3）以金融机构为主体的城市更新： 金融机构从后台转向前台，城市更新相对于之前的项目更加简单，更容易从后台转向前台，将其作为一种金融产品衍生，希望通过价值提升和置换，进行资本提升。

主体：各大金融机构。

主要思路：长期收益、改造变卖。

主要特点：资金充裕，买断与租赁全新领域，占领度高，设计总包切入，向前后延展。

（4）以小型机构为主体的城市更新：小微创业，跨界经营。主要通过租赁老旧房子进行升级改造，进行长期标准化运营，达到有机更新。

主体：个人业主、小型机构。

主要思路：长期收益、改造转租。

主要特点：创业期，注重成本，规模一般，设计总包切入，向后延展，EPC，运营介入。

问题 212. 历史街区的文化挖掘如何快速提炼？

答：挖掘历史资料：历史文献、地图、档案、图纸、杂志、地方志、博物馆资料，结合历史资料梳理历史建筑和历史街区的历史沿革，提炼其最有价值的文化特性，考虑受众的真实需求。

资料研究：通过查阅历史文献、图书、档案、地方志和相关研究报告等，了解历史街区的背景、发展历程和重要事件。这些资料可以提供很多有价值的信息，用于文化挖掘的分析和理解。

实地考察：亲自走访历史街区，观察建筑风格、街道布局、传统手工艺技术等特征。与当地居民、商户、文化保护组织等进行交流，听取他们的故事和见解。这样可以获取一手的亲身体验和口述历史，有助于更好地理解文化内涵。

文化遗产研究：考察历史街区中的文化遗产，如古建筑、文物、文化景观等。研究它们的历史背景、艺术风格、建筑技术等方面的知识，以揭示其独特的文化价值和意义。

打造故事：通过整理和组织所获取的信息，将历史街区的故事进行编排和表达。可以采用多种方式，如故事书、展览、文化活动等，将文化内涵和历史价值传达给更多的人。

多方合作：与相关的文化机构、学术研究机构、专业人士等合作，共同进行研究和挖掘工作。借助专业知识和技术支持，可以更全面、深入地了解历史街区的文化特征。

问题 213. 历史街区地下空间发展潜力大吗？在历史街区改造项目中会特殊做地下空间专项规划设计吗？历史街区都有保护规定，是否可以开发？

答：地下空间对于历史街区的发展很重要，在历史街区的改造项目中也会专门做地下空间的专项设计。历史街区可以开发地下空间，但是难度很大，一方面涉及保护的规范，要考虑对于周边地区，对于历史建筑本身是否存在不良的影响，审批难度较大；另一方面是技术难度较大，而且造价很大，既要包括开挖的费用，还要包括平移、托换等造价。

问题 214. 历史街区的保护方式有哪些，具体怎么做？

答：以上海的历史街区实践为例进行总结，主要保护方式分为七种。

（1）整体更新：利用原有街区风貌，例如新天地模式，传承风貌文脉，打造富有活力的商业街区。

（2）原样复建：复制原有街区风貌，例如建业里模式，整体复建的方式复制街区历史风貌满足新功能。

（3）整体保护：保留原有的街区风貌，例如外滩源模式，适用于原有建筑品质较高的街区，完整保留原有历史街区风貌，打造高品质新生活街区。

（4）持续更新：延续原有街区风貌，例如武康路模式，对整个道路为主线的历史街区做线性持续的微更新。

（5）局部更新：发展原有街区风貌，例如上生所模式，整体保留历史街区的肌理空间，开发新区域，保留老建筑，需要在历史街区中找到新空间开发与历史保护的平衡。

（6）整体仿建：模仿原有街区风貌，例如丰盛里模式，整体拆除后，以原有街区的历史风貌规划和建筑语言仿建街区。

（7）整体改造：延续原有住区风貌，例如春阳里模式，保留历史街区的肌理空间，整体改造历史建筑，延续原有功能。

问题 215. 老旧小区可能缺乏必要的社区设施和公共服务，如学校、医疗机构、文体设施等。如何规划和提供适当的社区配套设施，满足居民的教育、医疗、文化和娱乐等需求？

答：（1）需求评估和规划：首先，了解居民的需求和期望，进行社区配套设施的需求评估。考虑居民的人口结构、年龄分布、教育水平、医疗需求等因素，确定需要规划和提供的社区设施种类及规模。

（2）教育设施规划：根据居民的教育需求，规划并提供适当的教育设施。这可能包括学校、幼儿园、图书馆等。考虑校舍规模、师资配备、教育资源等方面，确保提供优质的教育服务。

（3）医疗设施规划：针对居民的医疗需求，规划并提供适当的医疗设施。可以考虑在小区附近建设或改建医疗机构，包括社区卫生站、医疗诊所等，确保居民能够及时获得基本的医疗服务和紧急救援。

（4）文化和娱乐设施规划：规划和提供文化和娱乐设施，满足居民的文化交流和娱乐需求。可以建设社区活动中心、综合文化馆、体育场馆等，丰富居民的文化生活和娱乐选择。

（5）社区参与和合作：在规划过程中，鼓励居民的参与和合作。组织居民代表、社区组织、相关机构等共同参与规划过程，充分听取他们的意见和建议，确保社区配套设施的合理性和满足性。

此外，需要与相关政府部门和社会组织合作，争取政府的支持和经费投入。根据具体情况，可以考虑与私人机构、非营利组织等合作，共同筹措资金和资源。在规划和提供社区配套设施时，需兼顾公平性和可持续性，确保设施的质量和运营管理的有效性。这将为居民提供便利和福祉，提升整个小区的社区环境和生活质量。

问题 216. 老旧小区改造项目需要相当的经济投入，如何确保项目的经济可行性？同时，如何促进社区居民的参与和共享，使他们成为改造项目的利益相关方，共同推动小区改造的成功落地？

答：（1）**综合规划和合理分配资源**：在项目启动之前，进行充分的综合规划和资源评估。制定明确的项目目标和阶段性计划，并合理分配资金、劳动力和物资等资源，确保项目的经济效益。

（2）**多渠道资金筹措**：不仅依赖于政府的经费支持，还可以探索其他多样化的资金筹措方式。这包括寻求社会资本的参与及合作，争取商业机构和企业的赞助、捐助，申请基金、财政补贴等。

（3）**合理控制成本**：在改造项目过程中，注重成本控制和效率提升。通过充分的市场调研、招标投标等方式，选择合适的承包商或服务提供商，并监督施工过程，避免资源浪费和不必要的开支。

（4）**制定激励政策**：制定激励政策，鼓励社区居民参与改造项目并共享成果。例如，提供社区居民首选购买新房的优先权，或在项目完成后享受改善后的公共设施和服务。

（5）**居民参与和沟通**：积极促进社区居民的参与和沟通。在整个项目过程中，定期组织居民会议、座谈会等形式，征求居民的意见和建议。确保他们的声音被听到，并尽量满足他们的需求和利益。

（6）**知识普及和技能培训**：提供相关的知识普及和技能培训，使社区居民能够更好地理解和参与改造项目。例如，就业培训、技能提升等方面，帮助居民更好地适应新的就业机会和生活环境。

（7）**建立合作伙伴关系**：与专业机构、社会组织、企业等建立合作伙伴关系，共同推动小区改造项目的可行性和可持续发展。借助他们的专业知识和资源，更好地实施项目。

问题 217. 既有建筑改造有哪些途径和类型，有什么具体的案例？

答：（1）结构性改造： 对建筑的结构和基础进行修改，以适应新的用途或改善承载能力。例如，加固墙体、更换支撑结构、拆除或增加楼层等。

案例1：某老旧的工业仓库改造成室内运动场所，通过加固墙体和地面，以及增加支撑结构，使其能够承受运动场所的使用需求。

案例2：某老式公寓楼进行楼层增加改造，将原本的3层建筑增加为5层，通过加固主体结构和重新布置内部空间来实现。

（2）外立面改造： 改变建筑外立面的外观和材料，以提升建筑的形象和外观吸引力。例如，涂料更新、外墙保温、外墙贴面等。

案例1：某办公楼进行外墙保温改造，通过加装外保温材料，提高建筑的保温性能，并利用新的外墙装饰材料改善建筑外观。

案例2：某商业建筑进行外立面翻新，采用玻璃幕墙替换旧的外墙材料，使建筑外观更现代化且具有吸引力。

（3）室内空间重组： 重新规划和划分建筑内部空间，以满足新的功能需求。可以通过增加或拆除内墙、调整房间布局、扩大或缩小空间等方式来实现。

案例：某老旧厂房进行室内空间重组改造，拆除部分内墙，打通空间，将其改造成共享办公空间，满足新的办公需求。

（4）老建筑保护性改造： 对具有历史和文化价值的建筑进行保护和修复，保留其独特的建筑风格和历史意义。例如，修复古老的立面、保留历史元素、修复老建筑的细节等。

案例1：某历史建筑进行保护性改造，修复老旧立面，修复古老的木结构，保留原有的建筑元素和历史风貌，以保持其独特性和文化价值。

案例2：某古老的城堡改造成博物馆，保留原有的城堡结构和部分室内装饰，用于陈列历史文物和艺术品。

（5）智能化改造： 将智能技术应用于建筑改造中，实现自动化控制、智能家居、安防系统等，提升建筑的智能化水平。

案例1：某商业办公大楼进行智能化改造，安装智能照明系统和节能传感器，实现自动化的照明和能耗控制，提高能源利用效率。

案例2：某公寓楼进行智能家居改造，安装智能门锁、智能家居控制系统和远程监控系统，提供便捷的居住体验和安全管理。

问题 218. 建筑设计过程中如何营造场所精神？

答：**（1）体现场所精神的主题：** 建筑设计应该根据场所的特色和内涵，提炼出一个有意义和有表现力的主题，作为设计的灵感和指导。主题可以是一个概念、一个形象、一个故事、一个符号等，它能够概括和传达场所精神的核心内容。

（2）尊重场所精神的尺度： 建筑设计应该考虑到场所的尺度和比例，与之相协调和适应。尺度不仅是指物理上的大小和高度，也是指心理上的感受和体验。建筑设计应该在尺度上创造出舒适和亲切的空间，让人们在其中感受到场所精神的温度和气息。日本著名设计师芦原义信在《街道空间设计》指出：**商业街宽度（d）与内街两侧建筑物高度（h）之比在 1:1 更为合适，这是空间性质的转折点。当 $d/h>2:1$ 时，空间距离感增大，会减弱商业空间的氛围。当 $d/h<1:2$ 时，空间紧迫感逐渐增强，空间感相对压抑。** 所以尺度宜人的商业空间街道空间的高宽比 d/h 一般在 1~2，比如成都太古里街道宽度多在 7~13m，建筑多为两层，因此街道的宽高比 d/h 基本保持在 1~2，形成了十分宜人良好的尺度关系。

（3）塑造场所精神的形式： 建筑设计应该通过合理和有趣的

形式，展现出场所精神的特征和风格。形式可以是几何的、抽象的、具象的、隐喻的等，它能够反映出场所精神的形态和意义。建筑设计应该在形式上寻求出创新和突破，让人们在其中感受到场所精神的美感和趣味。

（4）调动场所精神的感官： 建筑设计应该通过多种感官元素，激发出人们对场所精神的感知和体验。感官元素可以是光线、色彩、材质、声音、气味等，它们能够影响人们对场所精神的情绪和记忆。建筑设计应该在感官上营造出丰富和多样的空间，让人们在其中感受到场所精神的生动和深刻。例如建筑大师路易斯·康的经典建筑萨尔克生物研究所中对于光线、材质等元素的应用。

问题 219. 改造项目建筑设计流程和各阶段与新建项目有哪些不同？

答： 改造项目建筑设计有方案设计阶段、初步设计阶段、施工图设计阶段三个阶段如下图所示。与新建项目不同的注意点：

（1）方案设计阶段： 资料收集方面需要收集到各类项目的存档资料，包括竣工图、从建成以后项目陆续变更洽商资料、项目各类证件、现状测绘与踏勘、结构检测与鉴定（根据项目的改造特点选择是否需要做结构的检测与鉴定，如对于内部装修类的项目，大部分不需要做结构检测，如需要对建筑结构改造，必须对建筑结构进行鉴定）等资料。

（2）初步设计阶段： 与新建项目不同的是有报审前期沟通的过程。

（3）施工图设计阶段： 与新建项目不同的是对净高的控制采用 BIM 专业系统设计。因为很多改造项目的条件是不满足规定要求的，所以不管是方案设计阶段还是初步设计阶段都要紧密地和政府审查机构沟通，如规资委、审图、人防、园林、电力部门等相关机构沟通。

改造项目建筑设计流程

问题 220. 在城市更新的项目中，是否都需要用新的规范来指引改造设计？

答： 在城市更新的项目中，并不是一定需要使用新的规范来指引改造设计。是否需要制定新的规范取决于具体的情况和目标。以下是需要考虑的一些因素：

（1）目标和需求： 如果城市更新项目的目标是解决特定的问题或满足特定的需求，那么可能需要制定新的规范来指导改造设计，以确保达到预期的效果。例如，如果项目旨在提高城市的可持续性，可能需要制定绿色建筑标准或能源效率要求。

（2）可行性和适应性： 制定新的规范需要考虑其可行性和适

应性。即需要评估相关利益相关方的意见和参与度，以及规范对项目实施的影响和可行性。如果现有的规范已经能够满足项目的需求，那么可能不需要制定新的规范。

（3）法律法规和政策： 新的规范通常需要与现有的法律法规和政策兼容。在制定新的规范时，需要考虑现有的法律框架，并确保新规范符合相关法规要求，以便项目的合法实施。

综上所述，并不是所有城市更新项目都需要使用新的规范来指引改造设计。需要综合考虑项目的目标、可行性、法律法规和相关政策等因素，决定是否需要制定新的规范来指导改造设计。相关的城市规划部门和政府机构通常会参与并提供指导，以确保城市更新项目的顺利进行。

问题 221. 改造项目对于绿地率等建设指标是否还有刚性的要求？

答： 一般来说改造项目对于建设指标还是有一定要求的。这些规定和要求因地区和政策而异，一般是来自相关的城市规划法规、建筑设计规范、区域规划要求、环境保护政策等。通常情况下，改造项目会对以下的建设指标存在要求：

（1）绿地率： 绿地率是指用于植被覆盖和开放空间的土地比例。

（2）建筑密度和容积率： 建筑物在单位土地面积上允许建造的面积。

（3）绿色建筑和环保要求： 改造项目可能需要符合一定的环保标准、节能要求，使用环保材料、节能设备等。

问题 222. 《既有建筑鉴定与加固通用规范》（GB 55021—2021）这个标准是否是全国通用？其他地区可以采用吗？

答： 由住房和城乡建设部发布的《既有建筑鉴定与加固通用规范》为国家标准，编号为 GB 55021—2021，属于强制性工程建设规范，全部条文必须严格执行。另外，对于既有建筑的评估鉴定需要找有资质的专门单位来做评估，这涉及后续的工期、成本预算等问题。

问题223. 产业园区转型升级后，用地功能如果发生了改变，那房地产证需要换吗？

答：产业园区如果在转型升级中改变了用地功能，则根据《中华人民共和国土地管理法》相关规定，需要办理相关手续来更新房地产证的信息，具体的程序如下：

（1）提交用地变更申请：一般需要的材料包括申请书、土地使用证、相关规划设计等。

（2）土地管理部门审批：土地管理部门根据相关法规、规划和政策进行审批，具体包括用地规划调整、用地变更程序、规划条件的符合性等。

（3）权属变更：经过审批，产权登记机关会进行房地产证的权属变更，需要提供相关证明材料和支付相应的手续费用。

另外，具体的转型升级项目，可能还会涉及其他的许可证和审批，例如建筑规划许可证、环评审批等。

问题224. 城市更新中，原建筑物业私人产权都是回收成国有资产吗？

答：各地规定有所差异，北京地区需要回收成国有资产的情况，政府会先把资产买回来，将私有产权回收成国有产权，然后交给城投公司，统一运营。

问题225. 旧改后能否将集体资产出售？

答：根据城市更新政策，旧改后补偿给村集体的物业全部登记在村集体经济组织名下，为确保长久的发展村集体经济以及发挥村集体经济组织对每一代村民的扶持作用，政府明确所有旧改后的补偿物业保留划拨性质。

问题226. 城市更新项目造价一般考虑哪些方面？

答：城市更新项目的造价一般可以分为以下几个方面：

（1）拆迁安置成本：这部分成本与安置方式有关，如果为实物安置，成本主要为临时过渡费用和建新中安置房建安费用；如果为货币化安置，则占比会较大。

（2）改造成本：主要包括外墙翻修、加装电梯、安防、完善停车等，这部分成本占比相对较小。

（3）建新成本：包括土地费用与建安费用。土地费用是城市更新项目的难点之一，因为土地出让金在拆迁完成后才能确定，部分地区并没有配套出台关于城市更新地块基准地价核算方式，导致土地出让金预估缺乏依据。

（4）**土地征用费及拆迁补偿费**：这是城市更新项目中的直接成本之一，涉及动迁户的补偿问题。

（5）**规划与设计等前期费用**：包括项目启动初期的规划、设计等费用。

（6）**监理、咨询、建设管理费**：这些是城市更新项目中的共同性间接费用，需要在受益成本核算对象间分配。

（7）**建安成本**：通常是指房屋新建与改造装修等直接开发成本，有较明确的受益对象，直接进行相应归集及核算。

这些成本构成了城市更新项目的主要造价部分，需要在项目实施过程中进行合理规划和管理，以确保项目的财务可行性和效益最大化。

问题 227. 城市更新的改造项目中如何理解建筑师扮演的角色？

答：建筑师可能更多的是扮演一个"导演"的角色，是一个推动者的身份。城市更新改造本身是一个十分复杂的工作，涉及很多主体的合作协同，包括开发商、政府机构、业主、施工方等各个利益主体，建筑师需要以设计为引领，排兵布阵，发挥每个主体的作用，协调各个主体之间的利益和合作。好的项目在建设完成的那一刻才是新生命的开始，建筑师需要作为一个催化剂，激发各个利益主体的共同参与和协同，使建筑空间迸发出新的活力和生长的动力。

问题 228. 15 分钟生活圈是什么意思？

答：15 分钟生活圈是指人们日常生活步行 15 分钟可达的范围。这个范围内能够提供满足全年龄层人群需求的多项服务。打造高质量的 15 分钟生活圈，首先在物质空间环境方面，需要从居住、就业、出行、服务、休闲五个方面提出具体的措施和要求：

（1）**居住方面：**提供多样化的舒适住宅，具体表现为适宜的住宅水平、多样化的住宅类型、包容混合的住宅布局、开放共享的住宅环境、整体协调的住宅风貌、舒适的住宅建筑。

（2）**就业方面：**提供更多的就近就业的机会，具体表现为提供更多的就业岗位、激发多元的创新空间。

（3）**出行方面：**满足低碳安全的出行需求，具体表现为通达安全的社区道路系统、连通舒适的步行网络、便捷多层次的公共交通、合理布局的停车设施。

（4）**服务方面：**可以提供类型丰富、便捷可达的社区服务，具体表现为便捷可达的高品质地区服务、多层次的社区服务体系、多样化的社区服务内容、步行可达、高效复合的空间布局。

（5）**休闲方面：**提供绿色开放、活力宜人的公共空间，包括多类型多层次的公共空间、高效可达的公共空间布局、富有活力的公共空间。

另外还需要构建共同参与的行动指引，使其能够渐进滚动式地建设美好家园。

问题 229. 城市更新项目中，招商运营团队是在设计之前介入的还是同步进行，不同维度视角的团队是如何协同合作的？

答：在城市更新项目中，招商运营团队通常会在设计之前介入，并与设计团队同步进行，以确保商业业态与项目的整体规划和设计相匹配。不同维度视角的团队需要协同合作，以确保项目的成功实施。以下是他们的协作方式：

（1）**早期规划阶段：**在项目的早期规划阶段，招商运营团队与设计团队紧密合作。他们参与项目的市场调研和需求分析，共同制定商业区域的定位、目标租户类型和品牌定位等。招商运营团队将市场调研结果和潜在租户需求提供给设计团队，以指导商业区域的布局、功能划分和空间需求的设计。

（2）**并行设计与招商工作：**在项目的设计阶段，招商运营团队与设计团队进行并行工作。设计团队负责商业区域的具体规划、建筑设计和空间布局，而招商运营团队则负责与潜在租户进行接触、洽谈和谈判，以完成商铺的招商工作。两个团队之间需要及时沟通和共享信息，确保设计方案和招商进展相互协调和支持。

（3）交叉评审和决策： 设计团队和招商运营团队进行交叉评审，以确保设计方案与市场需求的契合度。设计团队会向招商运营团队展示设计方案，并从商业可行性、租户吸引力等角度进行评估和反馈。招商运营团队则提供市场和租户的反馈意见，以确保设计的可行性和商业的可持续性。

（4）招商运营后期支持： 一旦商业店铺完成招商并进入运营阶段，招商运营团队继续与设计团队合作，提供后期支持。这包括商业运营方案的制定、品牌管理、租户管理和运营优化等方面的工作。设计团队则提供必要的支持和反馈，以确保设计方案的实际运行效果和商业目标的实现。

通过以上的协同合作，设计团队和招商运营团队能够在城市更新项目中相互支持和补充，确保商业业态与项目整体规划和市场需求相协调，实现项目的成功。及时的沟通、交叉评审和决策，有助于有效整合各方的资源和专业知识，最大程度地发挥团队的优势，并确保项目的顺利进行。

问题 230. 城市更新项目中，采用 EPC+F 模式有什么优势和劣势？

答： EPC+F 是指 **工程总承包加融资（Engineering, Procurement, Construction + Financing）的模式。**

在城市更新项目中，EPC+F 模式是指工程总承包商不仅负责项目的设计、采购和施工，还承担项目的融资工作。这种模式下，EPC 承包商不仅完成项目的建设工作，还负责寻找项目投资方、协商融资方案，并承担部分或全部的项目融资责任。

EPC+F 模式的优势在于将工程建设与融资紧密结合，减轻项目甲方的融资压力，并降低项目的融资成本。通过由 EPC 承包商来负责融资，可以简化项目融资流程、提高融资效率，并为项目顺利进行提供资金支持。

在EPC+F模式下，EPC承包商通常与金融机构合作，协商并达成融资协议。融资方式可以包括银行贷款、发行债券、引入投资机构或合作伙伴等多种形式，以满足项目的融资需求。

但是这种模式也可能会存在一些问题，比如承包商参与融资可能会使得项目的控制权转移，而且此模式需要依赖投资方提供足够的资金支持，所以就会产生资金供应的不确定性，对项目进展产生影响。

第二节　海绵城市设计

问题231. 什么是海绵城市？

答：海绵城市是新一代城市雨洪管理概念，是指**城市能够像海绵一样，在适应环境变化和应对雨水带来的自然灾害等方面具有良好的弹性**，也可称之为"水弹性城市"。国际通用术语为"低影响开发雨水系统构建"，下雨时**吸水、蓄水、渗水、净水**，需要时将蓄存的水释放并加以利用，实现雨水在城市中自由迁移。

问题232. 海绵城市的技术路线一般包括哪些内容和路径措施？

答：海绵城市的技术路线是指**在城市规划和建设中，采用一系列的技术和措施来实现城市的综合水管理、生态保护和可持续发展目标的路径与步骤**。海绵城市的技术路线通常包括以下几个重要方面：

（1）雨水收集与利用：通过设置雨水收集系统，收集和储存雨水，以供城市绿化、景观灌溉、冲洗和冷却等用途。这包括雨水花园、雨水桶、雨水回收系统等。

（2）雨水渗透与滞留：采用透水铺装、透水砖、透水混凝土等材料，在道路、广场和停车场等场地上增加雨水的渗透能力，减少雨水径流量。同时，设置雨水滞留池、蓄水设施等，通过延缓雨水流失时间，减轻洪涝风险。

（3）绿化与生态恢复： 通过增加绿地、树木和植被覆盖率，改善城市的生态系统功能，提供防尘、降温、生物多样性和生态服务等。包括绿色屋顶、垂直绿化、城市森林、湿地恢复等。

（4）水体净化与修复： 利用湿地、生态滞留池、人工湖泊等设施，对城市河流、湖泊和水体进行污染物去除、水质改善和生态修复。

（5）可持续排水系统： 设计和建设低冲洪水、高效排水的系统，通过改善城市排水管网、洪水储备区、雨水花园等设施，提高城市的排水能力和洪涝防御能力。

（6）智能监测与管理： 借助信息技术和大数据分析，实时监测和管理城市的水资源利用情况、水质监测、雨水集中利用等。

海绵城市的技术路线如下图所示。

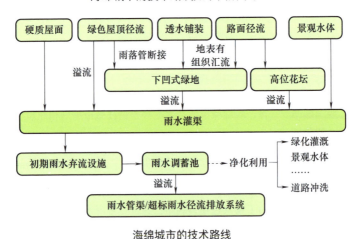

海绵城市的技术路线

问题 233. 海绵城市的设计流程是什么？

答： 海绵城市的新建、改建、扩建项目，应在园林、道路交通、排水、建筑等各专业设计方案中明确体现低影响开发雨水系统的设计内容，落实低影响开发控制目标。

设计流程包括**现状条件及问题评估——确定设计目标——方案设计**（竖向设计、汇水区划分、技术选择与设施平面布局、水文、水力计算或模型模拟、设施规模确定、技术经济分析、方案比选）**——方案设计审批——初步设计与审批——施工图设计与审查**，如下图所示。

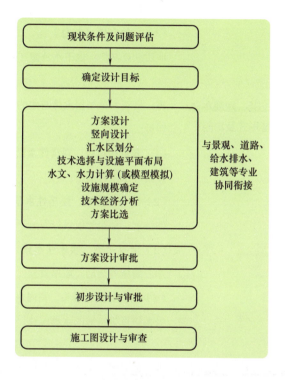

海绵城市设计流程

<table>
<tr><td>

问题 234. 海绵城市项目中，设计方或咨询方需要建设方提供的资料清单有哪些内容？

</td><td>

答：（1）上位规划文件

建设工程规划条件书：海绵城市相关潜在要求；年径流总量控制率、污染物控制率、透水铺装率、下凹式绿地率等。

建设项目海绵城市的三图两表：政府审批部门下发的项目海绵城市评价三图两表模板。

</td></tr>
</table>

（2）设计文件

建筑设计：总平面图（含地下室轮廓线、建筑基底、消防道路及扑救面、经济技术指标；文件需与图纸一致）；建筑单体（含屋顶绿化、排水系统等）；场地（证明覆土情况的图纸）。

景观设计：总平面布局图（含绿地、铺装等）；竖向设计图。

小市政设计：地下综合管线；周边市政排口。

（3）其他文件（如有）

地质勘查文件；地下水资源文件。

问题 235. 景观水体有哪些形式及功能?

答： 景观水体根据人体与水的接触程度和水景功能可以分为四种：

（1）非直接接触、观赏性水景： 人身体不直接与水接触，仅在景观水体外观赏。

（2）非全身接触、娱乐性水景： 人部分身体可能与水接触，如涉水、划船等娱乐行为。

（3）全身接触、娱乐性水景： 人可能全身浸入水中进行嬉水、游泳等活动，如旱喷泉、嬉水喷泉等。

（4）细雾等微孔喷头、室内水景： 宜形成气溶胶，与人体呼吸系统直接接触的水景形式。

问题 236. 什么是年径流总量控制率? 对城市建设有什么影响?

答： 年径流总量控制率是指**通过自然和人工强化的渗透、集蓄、利用、蒸发、蒸腾等方式，场地内累计全年得到控制的雨量占全年总降雨量的比例**。

年径流总量控制率是海绵城市建设最重要的核心指标之一。海绵城市建设提倡推广和应用低影响开发建设模式，加大对城市雨水径流源头水量、水质的刚性约束，使城市开发建设后的水文特征接近开发前，有效缓解城市内涝、控制面源污染，最终改善和保护城市生态环境，实现新型城镇化下城市建设与生态文明的协调发展。在"源头减排、过程控制、末端治理"的海绵城市建设全过程中，雨水的渗、蓄、滞、净、用等综合效益，主要依托对降雨的体积控制来实现，体现在年径流总量控制率这一核心指标中，如下图所示。

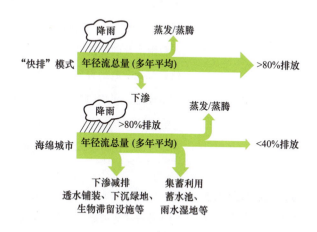

年径流总量

问题 237. 对于海绵城市建设效果，应当如何评判？

答：海绵城市的建设成效需从项目实施的有效性及是否能达成海绵效应等多方面进行综合评估，评估内容与要求应与海绵城市建设评价标准的相关规定相一致。主要评估内容包括以下几点：

（1）年径流总量控制率及径流体积控制情况。

（2）源头减排项目的实施效果，涉及建筑小区、道路、停车场及广场、公园与防护绿地等。

（3）路面雨水积存控制与内涝防治能力。

（4）城市水体环境质量状况。

（5）自然生态格局的管理与水体生态性岸线的保护。

（6）地下水位变化趋势。

（7）城市热岛效应的缓解程度。

问题 238. 绿色雨水基础设施通常包括哪些内容?

答: 绿色雨水基础设施是**低影响开发规划设计与实施的基本单元**。低影响开发实现的核心途径即**将各种雨水管理景观设施整合规划设计于场地中**,建造一个由点状、线状、面状雨水管理景观设施构建的景观网络,这个雨水管理景观网络具有灵活的延展性,既可以是某一种雨水管理景观设施单体的应用,也可以是多种雨水管理景观设施的整合应用。

绿色雨水基础设施包括雨水花园、下凹式绿地、屋顶绿化、植被浅沟、截污设施、渗透设施、雨水塘、雨水湿地、景观水体等。绿色雨水基础设施有别于传统的灰色雨水设施(雨水口、雨水管道、调蓄池等),能够以自然的方式削减雨水径流、控制径流污染、保护水环境。

问题 239. 绿色雨水基础设施设计原则有哪些?

答: 绿色雨水基础设施设计时应注意以下原则:

(1)生态优先原则: 绿色雨水设施规划设计时应放弃"效率和经济指导城市建设"的理念,加强生态保护区的前期调研分析,将保护生态环境作为优先考虑的因素,对自然规律充分地尊重,确保自然生态循环一直处于良好的状态之下。

(2)因地制宜原则: 城市所处的地理区位不同,其地形地貌、工程水文地质、气候气象条件等均有一定的差异。即使在同一个城市,不同街区的水文循环也有差别。因此,不同城市、不同街区要从实际情况出发,选择与地区特征相适应的绿色雨水基础设施。同时,绿色雨水基础设施内种植的植物要选择生命力强、稳定性好、具有地方特色的乡土植物。

(3)雨洪管控原则: 在对海绵城市规划设计期间引入雨洪控制手段,并利用空间布局、绿色雨水基础设施的合理组合等手段,可以从多个源头对雨水进行高效管理,构建良好的生态街区。

问题 240. 为什么要应用透水铺装？当透水铺装下为地下室时，是否可以认定其为透水铺装地面？

答： 城市化的重要特征之一即原有的天然植被不断被建筑物和非透水性硬化地面取代，从而改变自然土壤及下垫层的天然可渗透性，打破大自然中水与气的平衡由此产生了许多负面影响。

透水地面可以大量收集雨水、吸收地面扬尘，有效补充小区地下水并且缓解了城市热岛效应。实现小区雨天无路面积水，还能对雨水起到净化作用，下渗的雨水通过透水性铺装及下部透水垫层的过滤作用得到净化，使得下渗的雨水得到净化。

当透水铺装下为地下室顶板时，若地下室顶板上覆土深度能满足当地园林绿化部门要求且覆土深度不小于 600mm 时，地下室顶板设有疏水板及导水管等可将渗透雨水导入与地下室顶板接壤的实土，方可认定其为透水铺装地面。

城市化产生的负面影响：

（1）阻碍了降水直接补给地下水的途径，造成城市地下水位下降，也影响地表植物生长。

（2）硬化地面难以与空气进行热交流、水分交换，对空气的湿度、温度调节都不足。

（3）硬化地面严重破坏城市地表土壤的动植物生存环境，改变大自然原有生态平衡。

（4）暴雨季节，雨量过大造成硬化地面积水、内涝，影响人车出行，甚至造成交通隐患。

问题 241. 海绵城市的综合水管理环节中，"渗"（渗透）相关的技术措施有哪些？

答：（1）采用透水铺装： 透水铺装可以采用各种材料，如透水混凝土、透水砖、透水沥青等，这些材料通过设计特殊的孔隙结构或添加特定的添加剂，使得水分能够通过铺装材料的孔隙进入地下，而不是快速流失到雨水暗管或排水系统中，如下图所示。

在采用透水铺装措施时，需要考虑铺设面的功能、荷载、地下水位、气候条件、竖向条件、土壤的渗透性能，综合评价是否适合，适合哪种材料。

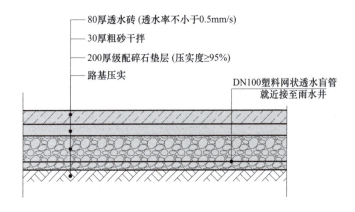

— 80厚透水砖 (透水率不小于0.5mm/s)
— 30厚粗砂干拌
— 200厚级配碎石垫层 (压实度≥95%)
— 路基压实
DN100塑料网状透水盲管就近接至雨水井

人行透水铺装做法

（2）采用下凹式绿地： 下凹式绿地可以在城市中增加绿地的面积，改善城市生态环境，并解决用地紧张的问题。在采用下凹式绿地时，应综合考虑其他因素，如建筑结构的承载能力、地下设施的布置、竖向条件、绿地的服务范围以及土壤的下渗能力，如下图所示。

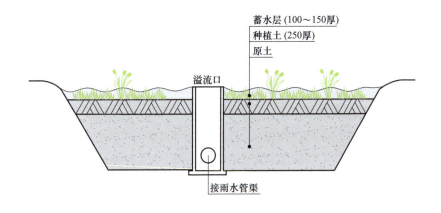

蓄水层 (100～150厚)
种植土 (250厚)
原土
溢流口
接雨水管渠

下凹式绿地做法

（3）**采用屋顶绿化：** 绿色屋顶可以分为 extensive（扩展型）和 intensive（强化型）两类，根据具体的场地条件和需求来选择。

在 extensive 绿色屋顶中，通常采用浅层的种植介质，适合生长耐旱的植物，如多肉植物或地被植物。而在 intensive 绿色屋顶中，则采用深厚的种植介质，适合种植树木、灌木、草坪等更复杂的植被。

在采用屋顶绿化时应综合考虑其他因素，如屋顶荷载、坡度、结构承载能力、屋顶防水性能、植物选择和维护成本，如下图所示。

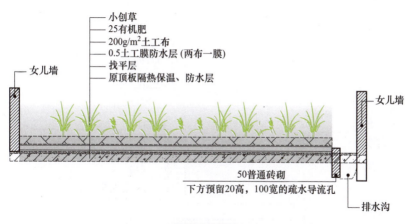

屋顶绿化做法

问题 242. 海绵城市的综合水管理环节中，"滞"（滞留）相关的技术措施有哪些？

答：（1）**采用高位花坛：** 设计和建造高位花坛时，需要考虑场地空间、覆土的条件、竖向条件、植物的选择、水源供应、结构稳定性等因素。

（2）**采用生态树池：** 通过透水性的土壤和特殊的设计结构，生态树池能够将降雨水滞留并储存起来，在干旱时期为树木和周围植物提供水源，提高水资源利用效率。

生态树池的设计和建设需要综合考虑土壤条件、树种选择、水资源供应、排水设计等因素。同时，定期的养护和管理也非常重要，包括水源供应、植物修剪、杂草清除等，以确保生态树池的正常运行和效果发挥。

（3）采用雨水花园： 通过在城市中设置雨水花园，使雨水在其内部滞留，并逐渐渗入土壤。雨水花园通常是填充了透水介质的植被区域，如花床或植物坑。

在设置雨水花园时，需要综合考虑场地的土壤类型、坡度和地下水位，并且在选择植物种类时需要选择耐湿性好的植物，如下图所示。

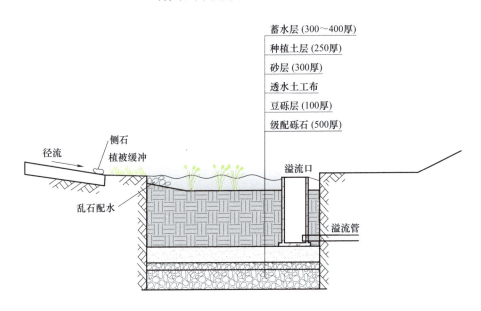

雨水花园做法

问题 243. 海绵城市的综合水管理环节中，"蓄"（蓄存）相关的技术措施有哪些？

答：（1）采用 PP 模块化雨水调蓄池： PP 模块化雨水调蓄池用于在海绵城市中收集和储存雨水。它由 PP（聚丙烯）材料制成的模块组成，每个模块内部有一定的空间用于存储雨水。在设置 PP 模块化雨水调蓄池时，需要综合考虑地质条件、设施间的衔接、场地利用和雨水回用。

（2）**采用混凝土雨水调蓄池**：混凝土雨水调蓄池是一种常见的雨水管理设施，用于收集和储存雨水，以减轻城市排水系统的负担，并提供可持续利用的水资源。

混凝土雨水调蓄池适用于各种规模和类型的项目，包括住宅区、商业区、工业区等。混凝土材料的施工和维护成本较高，因此在实施时需综合考虑可行性和经济性。

问题 244. 海绵城市的综合水管理环节中，"净"（净化）相关的技术措施有哪些？

答：（1）**采用植被缓冲带**：植被缓冲带是一种通常由植物组成的自然或人工创建的区域，位于水体边缘或水体与人类活动区域之间，用于减缓流入水体的污染物和净化水质。

植被缓冲带的设计和建立需要考虑周围环境条件和水体特征，包括水深、水流速度、土壤类型等。同时，选择适宜的植物种类和密度也很重要，应考虑植物的耐水性、耐污染性和适应当地气候的能力。

（2）**采用梯级花坛**：梯级花坛是一种具有多层平台的花坛设计。它通常由多个层次的植物种植区域组成，形成了一种阶梯状的布局。当雨水通过梯级花坛时，植物的根系可以吸收其中的悬浮物质、营养物质和其他污染物，起到净化的作用。

在设计梯级花坛时，要综合考虑场地的条件，包括场地空间和竖向高差等。

问题 245. 海绵城市的综合水管理环节中，"排"（排放）相关的技术措施有哪些？

答：（1）**雨落管断接**：雨落管断接是指在建筑物或其他场所的屋顶、露台等区域，利用管道将雨水收集和引导至地面或下水道系统的过程。这个过程中，通常需要断开管道，使雨水从屋顶流入到下方的管道或地面上。

在设计和实施雨落管断接时，需要根据建筑物的结构、屋面面积和周围环境等因素进行合理规划。同时，还需考虑管道的材质选择、斜度、排水能力等因素，确保雨水能够顺利地从屋顶流入到下方的管道或地面上，达到有效的雨水管理和利用效果，如下图所示。

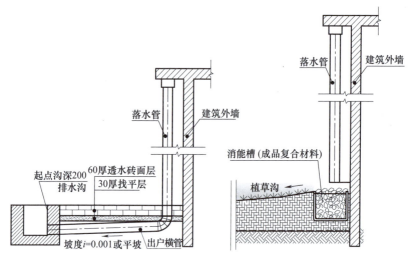

雨落管断接做法 1   雨落管断接做法 2

（2）采用植草沟：植草沟是一种用植物生长和土壤结构来实现雨水管理和防止水土流失的工程措施。它是一种将植物和土壤结合起来，用来收集、滞留和排放雨水的方法。

植草沟的设计和实施需要考虑当地的气候和土壤条件，并遵循相关的工程和环境标准。还需要进行定期的维护和保养，以确保植草沟能够持续发挥其功能，并保持良好的水质管理效果。

问题 246. 哪些场所不能采用雨水入渗系统？

答：根据《建筑给水排水与节水通用规范》（GB 55021—2021）雨水入渗不应引起地质灾害及损害建筑物和道路基础。下列场所不得采用雨水入渗系统：

（1）可能造成坍塌、滑坡灾害的场所。

（2）对居住环境以及自然环境造成危害的场所。

（3）自重湿陷性黄土、膨胀土、高含盐土和黏土等特殊土壤地质场所。

自重湿陷性黄土在受水浸湿并在一定压力下土结构迅速破坏产生显著附加下沉；高含盐量土壤当土壤水增多时会产生盐结晶；建设用地中发生上层滞水可使地下水位上升，造成管沟进水、墙体裂缝等危害。

问题 247. 海绵城市是如何收集雨水的?

答：海绵城市雨水收集的三种主要形式：建筑物屋顶收集、地面径流收集、城市绿地滞蓄。

（1）建筑物屋顶收集： 建筑物屋顶的雨水收集依据建筑物的不同构造分为：平顶屋面收集和脊式屋面收集。平顶屋面收集比较简单，因为所有的建筑物都是有落水管的，直接将落水管接通汇水池或者集水沟就可以了；脊式屋面收集则还需在屋檐下安装一段半圆形的水平管，再将水平管接通到垂直的落水管上，也就可以实现雨水的初步收集了。

（2）地面径流收集： 地面径流的收集是依靠雨污分流和地面透水材料来实现的。雨污分流就是在城市规划或改建中设计两套管网，一套用来排污，另一套则专门用来排雨，让下雨时形成的地面径流通过雨水管网排到河湖或者雨水收集利用系统。路面铺装透水性材料，通过增加路面物质间的孔隙来实现雨水的下渗和汇集，如下图所示。

（3）城市绿地滞蓄： 绿地滞蓄一般借助城市中的景观湿地。在这些地区地势较一般路面低，故又被称为下凹式绿地，它们容易汇集雨水，又因为植被覆盖率比较高，汇集到的雨水流动性比较弱，不会像地面径流一样很快流走，只要建立一些简单的明渠就可以直接将雨水汇入周围的景观湖，或者简单过滤后用于绿地灌溉和小喷泉等景观用水。

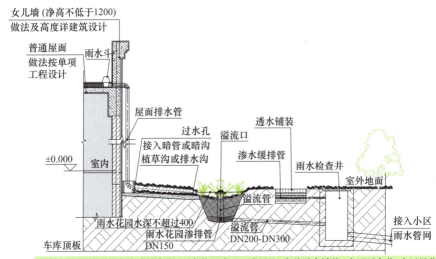

女儿墙 (净高不低于1200) 做法及高度详建筑设计

普通屋面 做法按单项 工程设计

雨水斗

屋面排水管

过水孔

接入暗管或暗沟 植草沟或排水沟

溢流口

透水铺装

渗水缓排管

雨水检查井

室外地面

±0.000

室内

雨水花园水深不超过400 雨水花园渗排管 DN150

溢流管

溢流管 DN200-DN300

接入小区 雨水管网

车库顶板

建筑单体 转输型植草沟或排水沟 雨水花园或下凹式绿地 室外透水铺装 小区雨水井 小区绿化

雨水径流组织流程图

问题 248. 场地竖向分析时标高是场地原始标高吗？竖向分析对于海绵城市设施布置的影响是什么？

答： 场地竖向分析所展示的标高是相对设计标高，不是场地原始地形标高。场地竖向标高是铺设雨水管网、划分汇水分区和布置海绵设施的重要影响因素。由于道路及广场等各类下垫面产生的雨水径流是通过重力流方式汇入海绵设施内的，所以对场地竖向标高进行分析，可以了解场地内雨水径流的流向，以便设计师根据其流向选择布置海绵设施的位置，尽量将下凹式绿地、雨水花园等海绵设施设置于道路及广场周边竖向标高较低的绿地内，从而使雨水径流通过重力流方式汇入海绵设施内进行滞蓄和净化。

问题 249. 海绵城市主要涉及的专业有哪些？这些专业有哪些具体分工？

答： 海绵城市设计主要涉及以下专业，如下图所示：

（1）总图专业： 总图平面图、竖向图、管综图、设计说明、经济技术指标等。

（2）建筑专业： 建筑屋面平面图、立面图、绿化屋面结构做法及材料表等。

（3）结构专业： 建筑屋面荷载、地下室顶板荷载等。

（4）给水排水专业： 雨水外线、雨水立管断接、LID 设施溢流口、地下室顶板雨水疏排、雨水调蓄池、雨水回用系统、汇水分区、设计计算等。

（5）景观专业： 总平面图、竖向设计、LID 设施布局图、LID 设施做法详图、植物配置等。

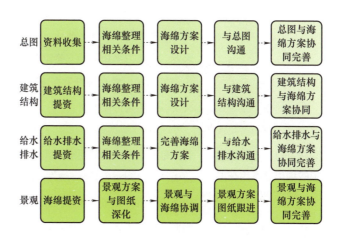

海绵城市协同工作要点

问题 250. 南方多雨的地方也需要海绵城市吗？

答： 从国内外的经验来看，海绵城市适用于任何土壤和气候条件，无论是南方还是北方，城市还是农村，黄土高坡还是沿海城市，都可以建设，但针对每个城市的不同需求和特点，可以各有侧重。

以广州市为例，在 7、8 月暴雨时节经常会出现"水浸街"的现象。海绵城市的理念既适用于新城区的建设，也适用于旧区改造，在城区的建设中若能在最初规划阶段将这一思想融入建设过程中，其成本就可大大降低，相对旧城区改造成本更低。旧城区改造可以与现有建筑节能改造、绿色建筑改建、景观提升和道路改造等项目结合起来统筹安排建设时序，一方面节约成本，另一方面，可减少动土建设给公众带来的不便。但也千万不要认为旧城区进行海绵城市改造就相当困难。

另外一点也相当关键。目前海绵城市建设还没形成一个贯穿建设过程的、良性竞争的市场化产业链。如果政府要推进这方面的建设，应该在这方面加以引导，逐步改善目前供应商不多，造价高的局面。只有这个局面打破了，更多人参与到这个建设的事业中来，形成行业、大量生产、降低成本，海绵城市的建设才能真正铺开。

因此，在南方多雨的地方建设海绵城市，可以有效缓解城市内涝等问题，提高城市生态环境水平和雨水资源利用水平，实现城市的可持续发展。

问题 251. 做海绵城市的项目就不用在道路上做雨水口了吗？

答： 是的，相关规范要求，尤其是在小区内是不允许做雨水口的，尽量利用绿化带收集雨水、分散渗透等方式。建设海绵城市，首先要扭转观念。传统城市建设模式，处处是硬化路面。每逢大雨，主要依靠管渠、泵站等"灰色"设施来排水，以"快速排除"和"末端集中"控制为主要规划设计理念，往往造成逢雨必涝，旱涝急转。

根据《海绵城市建设技术指南》，城市建设将强调优先利用植草沟、渗水砖、雨水花园、下沉式绿地等"绿色"措施来组织排水，以"慢排缓释"和"源头分散"控制为主要规划设计理念，既避免了洪涝，又有效地收集了雨水。

问题 252. 海绵区域是越大越好吗？

答： 海绵区域不是越大越好。特别大的场地，也是要做汇水分区的，因为要考虑它的实际控制能力。海绵区域面积大了以后，要让它成为一个完整的整体，让它各个区域协作起来，最终实现对雨水的处理。

问题 253. 没有绿化的地块，如何设置海绵设施？

答： 实际项目中确实有很多项目绿化率很低，比如有的工业园区要求绿化率不能超过 15%，甚至更低。针对这种项目情况，如果项目中对于海绵的要求只是年径流总量控制率，那可以通过在地下设置调蓄池来满足指标要求。

问题 254. 场地面积大，雨水管线铺设距离大，管道较深，该如何处理？

答： 可利用线性排水沟对雨水进行转输。为了减少室外埋地雨水管网的铺设距离，同时兼顾道路及广场铺装的美观性，利用线性排水对道路及广场雨水径流进行断接，有效组织雨水径流进入周边的下凹式绿地等生态设施内，如下图所示。

线性排水沟

问题 255. 在海绵城市设计中如何确保雨水径流按照汇水分区进行排放？

答： 要确保雨水径流按照汇水分区进行排放，可以采取以下措施：

（1）设计合理的排水系统： 在城市规划和建设过程中，要考虑将不同汇水分区的雨水排放合理地引导到对应的排水设施中。这可以通过合理布置雨水收集管网和设置雨水口、雨水管等来实现。

（2）考虑地形和地貌： 在设计排水系统时，需要充分考虑地形和地貌因素，包括地势高低、坡度等。这有助于确定雨水径流的流向和流速，以确保按照汇水分区进行排放。

（3）合理设置雨水收集设施： 在不同汇水分区设置合理的雨水收集设施，如雨水花园、雨水收集槽等。这些设施可以帮助减缓雨水流速，减少径流冲击，同时收集和利用雨水资源。

（4）**定期维护和清理：** 定期检查、维护和清理排水系统中的雨水管道和设施，确保流畅排放。同时，注意及时清除汇水分区内的障碍物和垃圾，以保持正常的径流路径。

问题 256. 汇水分区的划分有哪些影响因素？

答： 海绵城市项目中汇水分区的划分受到以下几个主要影响因素的影响：

（1）**地形和地貌：** 地形和地貌的特征对汇水分区的划分有重要影响。山脉、丘陵、河谷等地貌特征会影响雨水的流动方向和速度，从而决定汇水分区的边界和排放路径。

（2）**降水特征：** 不同地区的降水特征会影响汇水分区的划分。降水的分布、强度和季节性都会影响雨水的形成和演变过程，从而决定汇水分区的划分。

（3）**土地利用和覆盖：** 土地利用方式和覆盖情况对雨水的流动和渗透性有影响。不同类型的土地利用（如道路、建筑、绿地等）和不同的覆盖物（如水泥、草地、湿地等）会影响雨水的渗透能力与表面径流，因此需要考虑在划分汇水分区时的变化。

（4）**水文特征：** 包括流域面积、河流网络、地下水位等水文特征会影响汇水分区的划分。流域面积的大小、河流分布的密度和地下水位的高低都会决定雨水的集结和流向，从而影响汇水分区的划分。

（5）**基础设施布局：** 城市基础设施的布局也会对汇水分区的划分产生影响。交通道路、排水系统等基础设施的位置和布局会直接影响雨水的收集与排放路径，因此需要在划分汇水分区时考虑这些因素。

（6）**生态服务需求：** 汇水分区的划分还应考虑到生态服务的需求。例如，湿地和绿地等生态系统可以提供雨水的滞留、过滤和净化功能，因此可以将其作为划分汇水分区的参考因素。

问题 257. 如果一个下垫面（如道路）分到不同的汇水分区，分区指标计算的时候，需要把下垫面面积分开到不同的分区吗？

答： 在汇水分区的指标计算中，通常会将不同的下垫面（如道路）按照实际分区情况进行划分和计算。下垫面的面积会被分开到不同的汇水分区。

具体而言，如果一个下垫面跨越多个汇水分区，其面积将被按比例分配给各自的分区。这通常是根据下垫面在各个汇水分区内的覆盖面积来确定的。通过将下垫面的面积分配到各个分区，可以更准确地计算每个分区的指标和性能。

分区指标的计算通常会考虑下垫面的影响，例如道路对汇水分区的覆盖面积和径流量等。通过将下垫面的面积分开到不同的分区，可以更具体地考虑各个分区在指标计算中的差异和贡献。

在实际操作中，例如道路被分成了不同的汇水分区，那么就可以将道路分段考虑，另外还需要考虑场地的竖向设计。

问题 258. 每个汇水分区都必须达到海绵指标要求吗？还是总指标达到就可以？

答： 如果项目条件不好，没有办法使每个汇水分区都达到标准，或者没法做调蓄池，也可以采用加权平均的方式，使整体达到海绵城市的要求。就像现在所说的海绵城市，并不是要求每个分区都达到要求，而是像深圳那样，深圳整体要求是 70%，但是分区有 65% 的，有 60% 的，用加权的方式，通过分区径流系数和面积进行加权平均得到的径流总量控制率符合要求，就可以了。

问题 259. 汇水分区与给水排水的雨水管网分区一定要一致吗？

答： 汇水分区与雨水管网的分区从大的方面来说要一致，而且最终要一致。如果把一个排水口作为一个大的分区来看，与这个雨水管相关的、串在一起的汇水分区才是计算该排水分区年径流总量控制率的基础。因为如果不一致的话，比如两个汇水分区，一个排到 A 管一个是排到 B 管，那就应该分别在各自的排口计算。汇水分区可以比雨水管网的分区小得多，或者说雨水管网的分区是由一个一个汇水分区串起来的。

问题 260. 绿色海绵设施包括哪些?

答: 绿色海绵设施简单来说就是依附于绿地设置的海绵设施,包括下凹式绿地、生物滞留设施、植草沟、透水铺装、绿色屋顶等。其中生物滞留设施按照其位置不同可以分为生态树池、雨水花园、高位花坛、植被缓冲带等。

问题 261. 各种绿色海绵设施分别有什么效果功能?

答: 绿色海绵设施一般具有降低场地综合径流系数、调蓄场地雨水、削减径流污染、转输雨水、景观效果等功能。

以下表格展示了各种绿色海绵设施的效果及功能:表格中的高表示效果及功能显著;中表示功能及效果一般;低则表示功能及效果很小。(表格内容参考《城市降雨径流污染控制技术》和《海绵城市概要》)

各种绿色海绵设施的效果及功能

序号	措施名称	效果及功能				
		降低场地综合径流系数	调蓄场地雨水	削减径流污染	转输雨水	景观效果
1	绿色屋顶	高	—	中	低	高
2	透水铺装	中	—	中	低	中
3	下凹式绿地	高	高	高	低	中
4	雨水花园	高	高	高	低	高
5	植草沟	高	中	高	高	中
6	生态树池	高	中	高	低	中
7	台地花坛	高	中	高	中	高
8	植被缓冲带	高	—	高	低	中

问题 262. 各种绿色海绵设施在实际项目中分别适合应用于哪些场景?

答: 绿色海绵设施通常情况下在项目中广泛应用,可能应用的场景包括建筑、人行园路、车行道路、广场、停车场、绿地、水体等多种场景,具体而言,每种设施的应用场景各不相同。

以下表格展示了各种应用场景选用各种绿色海绵设施的适用情况。表格中●表示适宜选用,⊕表示可以选用,○表示不

宜选用。（表格内容参考《海绵城市建设技术指南——低影响开发雨水系统构建（试行）》《城市雨水控制设计手册》）

各种应用场景选用各种绿色海绵设施的情况

序号	设施名称	使用区域						
		建筑	道路		广场	停车场	绿地	水体
			人行园路	车行道路				
1	绿色屋顶	●	○	○	○	○	○	○
2	透水铺装	○	●	⊕	●	●	○	○
3	下凹式绿地	○	○	○	○	○	●	○
4	雨水花园	○	○	○	○	○	●	○
5	高位花坛	○	○	○	○	○	●	○
6	生态树池	⊕	○	○	○	○	●	○
7	植草沟	○	○	○	○	○	●	○
8	台地花园	○	○	○	○	○	●	○
9	植被缓冲带	○	○	○	○	○	●	○

问题 263. 学校和住宅的海绵设施选择有什么差异？

答： 学校和住宅的海绵设施选择差异比较大。因为住宅容积率相对会比较高，功能相对比较单一。与住宅不同，学校有教学，有科研，还有食堂等，就算同属居住属性的学校宿舍楼，根据不同的功能需求，具体要求也比较多，学校宿舍楼又可分为教师宿舍，学生宿舍等。因此，学校的需求和住宅还是有明显不同的。

另外，在人员活动、污水排放方面，住宅和学校也是不同的。通常来说，学校建筑造型，包括屋面的形式，和住宅也有很大的区别。住宅比较单一，基本上都差不多。而学校不同的单体建筑，它的屋面造型、排水方式都不太一样。而且对于屋面的雨水生态排放，进入周边的生态设施这方面，学校和住宅也有比较大的不同。而且学校各方面的条件相对会好一些。

综上，对于设施的选取，场地和项目条件不同，相应的海绵设施的选择就不同。首先考虑项目的需求到底是控制流量还是 SS 削减率；然后，现场哪些地方可以做海绵设施，再结合这些具体情况去选择相应的设施即可。

问题 264. 什么是植草沟？植草沟的布置有哪些要求？

答： 植草沟是指种有植被的地表沟渠，可收集、输送和排放径流雨水，并具有一定的雨水净化作用，可用于衔接其他各单项设施、城市雨水管渠系统和超标雨水径流排放系统。除转输型植草沟外，还包括渗透型的干式植草沟及常有水的湿式植草沟，可分别提高径流总量和径流污染控制效果。

植草沟主要由以下几个部分组成：植被层、有机覆盖层、混合土层、砾石层等，其中砾石层底部设置初透水化管构成的地下排水系统。植草沟应满足以下要求：

1）浅沟断面形式宜采用倒抛物线形、三角形或梯形，如下图所示。

2）植草沟的边坡坡度（垂直：水平）不宜大于 1 : 3，纵坡不应大于 4%。纵坡较大时宜设置为阶梯形植草沟或在中途设置消能台坎。

3）植草沟最大流速应小于 0.8m/s，曼宁系数宜为 0.2~0.3。

4）转输型植草沟内植被高度宜控制在 100~200mm。

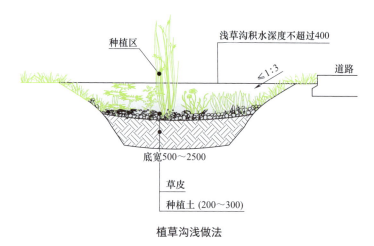

种植区

浅草沟积水深度不超过400

≤1:3

道路

底宽500~2500

草皮

种植土 (200~300)

植草沟浅做法

在设置植草沟的项目中，应注意与其他设施结合，植草沟往往设置在道路沿线、建筑物的边缘和停车场的中线，植草沟的设置应考虑与其他海绵设施相结合；同时植草沟的设计应尽量自然，与周围环境相协调，提高景观效果。

问题 265. 绿色海绵设施中，生态树池具体有哪些作用和效果？

答：生态树池是种植树木的人工构筑物，是道路及广场内树木生长所需的最基本空间。生态树池可以有效地延缓洪峰形成的时间、削减洪峰流量，且设置形式灵活，占地面积小。生态树池分为简易型生态树池和复杂型生态树池。

生态树池有以下的作用和效果：

1）生态树池平均单位造价在 150~800 元 /m^2，简易型生态树池建设费用与维护费用较低。

2）占地面积较小，可分散设置，应用灵活性强。

3）能有效净化降雨初期的雨水径流、削减径流水量、延缓洪峰行程时间。

问题 266. 生态树池在实际项目中有哪些具体的应用场景？

答：生态树池通常应用在如下场景：

1）用地较为紧张的场地建设，如人行步道、停车场以及广场等，可以收集、初步过滤雨水径流。

2）作为低影响开发设施，既可以削减径流水量，又可以为公众提供庇荫休息的场所。

3）对于硬化面积较大的区域，应根据场地情况，灵活布置生态树池位置。

问题 267. 生物滞留设施如何设置？有什么要求？

答：生物滞留设施是指在地势较低的区域，通过植物、土壤和微生物系统蓄渗、净化径流雨水的设施。生物滞留设施分为简易型生物滞留设施和复杂型生物滞留设施，按应用位置不同又称作雨水花园、生物滞留带、高位花坛、生态树池等，如下图所示。

生物滞留设施的设置要求及设计方法可参见《海绵城市建设技术指南——低影响开发雨水系统构建（试行）》。在设施设计中也是要考虑植物配置的，但其主要是配合景观专业，在景观设计图纸中体现。

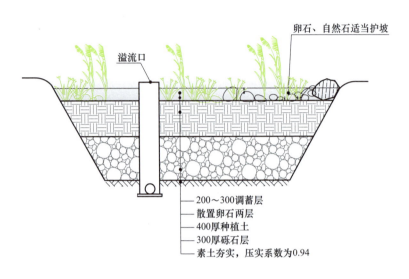

溢流口

卵石、自然石适当护坡

200～300调蓄层
散置卵石两层
400厚种植土
300厚砾石层
素土夯实，压实系数为0.94

简易型生物滞留设施构造示意

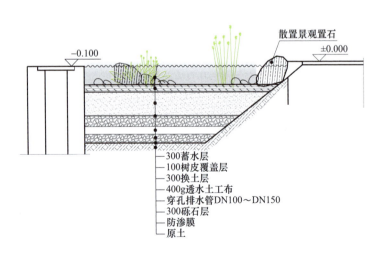

散置景观置石

−0.100   ±0.000

300蓄水层
100树皮覆盖层
300换土层
400g透水土工布
穿孔排水管DN100～DN150
300砾石层
防渗膜
原土

复杂型生物滞留设施构造示意

问题 268. 下凹绿地是什么？下凹绿地的布置有哪些要求？

答： 下凹式绿地也称低势绿地，与"花坛"相反，其理念是利用开放空间承接和储存雨水，达到减少径流外排的作用，一般来说低势绿地对下凹深度有一定要求，而且其土质多未经改良。与植被浅沟的"线状"相比其主要是"面"能够承接更多的雨水，而且其内部植物多以本土草本为主。

应结合场地竖向地下水位、土壤渗透性、土壤类型、建筑基础等情况，合理设置下凹式绿地。下凹式绿地竖向上应低于周围路面 100~200mm，使下凹式绿地等地面生态设施可有效收集周边绿地、广场、道路等通过重力汇入的雨水。

下凹式绿地应设置溢流雨水口，溢流雨水口应设置在下凹式绿地的地势最低处，且顶部高于绿地≥50mm，低于周围路面≥50mm 时，在其有效服务范围内应取消道路雨水口，使雨水优先汇入绿地内，如下图所示。

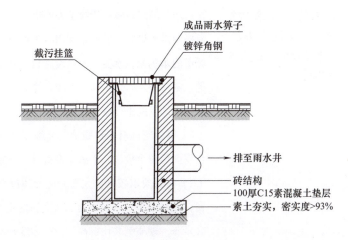

溢流式排水口构造示意

问题 269. 具体项目中，设置绿色屋顶有哪些限制条件？

答： 简单式覆土种植屋面种植土厚度应≥100mm，通常不大于 300mm。有檐沟的屋面应砌筑种植土挡墙，挡墙应高出种植土 50mm，并设置排水孔、卵石缓冲带，挡墙距离檐沟边沿≥300mm。

容器式覆土种植屋面的种植土层应≥100mm，以满足植物生存的营养需求。种植容器应轻便，易搬移，便于组装和维护，且在下方设置保护层。荷载满足的情况下，也适用于改造项目。

在设置绿色屋顶时，需要注意以下几点：

（1）注意高度和坡度： 绿色屋顶适宜设置在建筑层高较低、屋面坡度小（建筑屋面坡度≤15°）的建筑屋面。

（2）注意结构荷载： 在设置绿色屋顶前需复核屋面结构荷载，确定屋面承重能力的允许范围。

（3）注意是否有空间： 确认屋面是否具有空间设置绿色屋顶，建筑屋面往往会被功能性吹风机、消防水箱、电梯机房、中央空调冷却塔、太阳能光伏等设备占用。

问题 270. 灰色海绵设施都有哪些？灰色海绵设施的设置条件有哪些？

答：灰色海绵设施是传统工程的排水设施以及和生态设施相衔接的排水设施，原理是利用人工构筑物和自然元素来管理城市的水资源和水流。 这些设施包括屋面雨水管、雨水调蓄池、截污型雨水口、渗管、渗渠等。

灰色海绵设施主要运用在以下方面：

（1）绿色空间有限： 绿地空间极低或几乎没有，或存在绿色空间但覆土极浅，不满足设置绿色设施的最低条件。

（2）荷载要求较高： 大面积的硬质屋面，如会展建筑类项目；道路铺装承载要求高，如交通枢纽类项目；场地空间十分紧张，硬质铺装比例高，如高强度开发类项目。

（3）洪涝灾害隐患： 降雨量大，易发生洪涝灾害；山地地区，存在山洪危害。

（4）特殊用地要求： 工业园区（绿地率有设置上限，部分区域不可设置透水铺装）；医药基地和医院（为防止交叉感染不可设置透水铺装）。

问题 271. 各种灰色海绵设施分别有什么效果功能？

答： 一般灰色海绵设施可以达到降低场地综合径流系数、调蓄场地雨水以及削减径流污染等效果，具体不同种类的灰色海绵设施的功能及效果见下表，表格中的高是指设施功能效果好；中是指设施功能效果一般；低是指设施功能效果很小。（表格内容参考《城市降雨径流污染控制技术》《海绵城市概要》）

各种灰色海绵设施的效果及功能

序号	措施名称	效果及功能				
		降低场地综合径流系数	调蓄场地雨水	削减径流污染	转输雨水	景观效果
1	雨水管断接	低	低	低	高	中
2	雨水桶	低	中	低	低	中
3	雨水调蓄池	低	高	高	低	—
4	截污型雨水口	低	低	中	低	中
5	线性排水沟	低	低	低	高	中
6	渗管/渗渠	低	低	低	高	—

问题 272. 各种灰色海绵设施在实际项目中分别适合应用于哪些场景？

答： 灰色海绵设施通常会应用在建筑、道路、广场、停车场、绿地、水体、管网等场景中，具体而言，各种灰色海绵设施的适用场景见下表，表格中●表示适宜选用；⊕表示可以选用；○表示不宜选用。（表格内容参考《海绵城市建设技术指南——低影响开发雨水系统构建（试行）》《城市雨水控制设计手册》）

各种适用场景选用各种灰色海绵设施的情况

序号	设施名称	使用区域							
		建筑	道路		广场	停车场	绿地	水体	管网
			人行道路	车行道路					
1	雨水立管断接	●	○	○	○	○	○	○	●
2	雨水桶	●	○	○	○	○	○	○	●

序号	设施名称	使用区域								
		建筑	道路		广场	停车场	绿地	水体	管网
			人行道路	车行道路					
3	雨水调蓄池	○	○	○	⊕	⊕	●	○	●
4	截污型雨水口	○	●	●	●	●	●	○	●
5	线性排水沟	○	●	●	●	●	○	○	○

问题 273. 雨水调蓄池一般修建在什么地方？工作原理是什么？有哪些形式？

答： 雨水调蓄池一般修建在物流中心、道路广场、停车场、绿地、公园、城市水系等公共区域的下方，用来收集和储存雨水。

作为一种雨水收集设施，它可以在雨水径流的高峰流量期将雨水暂留池内，待最大流量下降后再从调蓄池中将雨水排出，既能控制初期雨水对受纳水体的污染，还能规避雨水洪峰，对排水区域间的排水调度起到积极作用。

雨水调蓄池的形式多种多样，可以是钢筋混凝土池或模块池，也可以是天然场所或已有设施如河道、池塘、人工湖、景观水池等。雨水调蓄池可以设置过滤装置或者与景观生态净化植被结合，过滤装置和生态净化可以对溢流后的雨水进行过滤，从而使得经排水渠后续进入河道、湖泊的水质较好，从而防止后续未经处理的雨水进入城市污水排水系统，避免造成城市排水管网堵塞和跑冒扬水。

问题 274. 小区内地下车库占据很大面积，绿地大部分位于车库顶板以上的雨水调蓄设施如何做？

答： 实际上这个是有一定难度的，需要看绿地覆土的深度是多少。在做下凹式绿地的时候，可以看看绿色建筑评价标准，标准里是有要求的。对于能够算作下凹式绿地或者做绿色铺装的时候能够算作绿色铺装的设施有一个要求，就是覆土深度要大于 600mm，而且顶板的水要能通过导流管排到实土绿地里，像这样的才能算作入渗，所以大家注意下凹式绿地在地下室顶板的时候是有一些特别要求的。

问题 275. 一个占地 10 万 m² 的工业厂区，有一个占地 500m² 的化学危废品库房，该如何考虑海绵设计？危废品库区域不做的话，其余区域是否正常设计？

答： 对于这个占地 10 万 m² 的工业厂区，有一个占地 500m² 的化学危废品库房的情况，海绵设计需要考虑以下几个方面：

（1）确保所有区域的海绵设计都能够有效收集和排放雨水。这可以通过采用绿化带、绿地、水体等自然元素来实现。同时，在库房内部也需要设置相应的收集和排放设施，以保证雨水排放的质量和安全性。

（2）海绵设计需要考虑季节变化的影响，因此需要根据不同季节的降雨量和雨季长度来合理规划海绵设计的收集和排放策略。例如，在夏季高温时，可以采用透水性较强的材料来增加土壤的水分存储能力，从而减轻热岛效应；而在冬季寒冷时，可以采用保温材料来保持土壤温度稳定，避免冻融作用对植物和水体的影响。

（3）在海绵设计方案中还需要充分考虑非正式空间的利用。例如，可以设置绿色屋顶、空中花园等休闲空间，提供给员工休息和交流的场所。

（4）最后还需要考虑海绵设计的成本和可行性。在确保设计方案有效实施的同时，还需要考虑材料成本、施工成本、维护成本等。同时，还需要确保设计方案能够与厂区的其他设施和建筑风格相协调，以保证整个厂区的一致性和整体性。化学危废品库房周边地面不能设置渗透设施，且区域内的雨水径流应单独收集处理，不在海绵控制区域内，其他区域可以正常进行海绵设计。

问题 276. 某工业项目的道路要承载重载物流车，而且往往频次很高，可以做透水铺装吗？

答： 可以做，但是要考虑成本问题。一些工业项目，也包括很多会展项目（会展也会有很多大的布展车），很多的情况下都是不做透水铺装的。但是，如果确实需要做透水铺装，成本就会变得很高。比如道路基础，强度要求会非常高；另外，道路面层的耐久性和抗压性也要非常的好。这其实就是一个成本的问题。还有就是未来的维护和更换，也是一笔不小的费用。

问题 277. 住宅小区的消防通道可以做透水铺装吗？

答：消防通道的透水铺装需要仔细考虑安全因素和建筑规范要求。在一般情况下，消防通道不适合采用透水铺装，因为消防通道需要为紧急情况下的消防车辆提供畅通的通行路线和稳定的地面支持。

透水铺装可能会影响到消防车辆的行驶和操作，因为透水铺装通常需要使用材料和构造，以便雨水能够渗透到地下。这可能会对消防车辆的操作能力和稳定性产生不利影响，例如降低了车辆的牵引力或制动性能，或者使地面不平整可能导致消防车辆转向困难。

问题 278. 海绵城市方案设计说明文本一般包含什么内容？

答：苏州市对方案说明文本的要求很全面，可以作为通用的方案设计说明文本的要求，其他项目也适用。以苏州市海绵城市专项设计文件内容要求为例，方案设计说明文本一般包括以下内容：

（1）**基本情况：**包括项目概况、自然条件、政策和上位规划要求。

（2）**问题与需求：**包括项目周边条件分析、场地建设条件分析、问题与需求分析总结。

（3）**指标：**指标选择必须符合规划要求，如有变化需提供证明材料。

（4）**依据与原则：**包括设计依据、思路及原则。

（5）**设计要点：**包括总体设计、海绵城市分区设计、设计调蓄容积及设施选择、设施布局及规模、场地竖向及径流组织设计、海绵设施及附属设施设计、植物配置、海绵城市建设目标校核。

（6）**维护管理：**包括海绵设施后期维护管理。

（7）**投资与效益**：包括建设项目规模、投资估算、效益分析。

（8）**结论及建议。**

（9）**附件（表格和图件，以及证明材料）**。一般业主最关注的两个方面是指标能不能达到海绵城市的审查要求，二是做海绵城市的增量成本会不会很高。

海绵城市方案设计说明文本内容如下图所示。

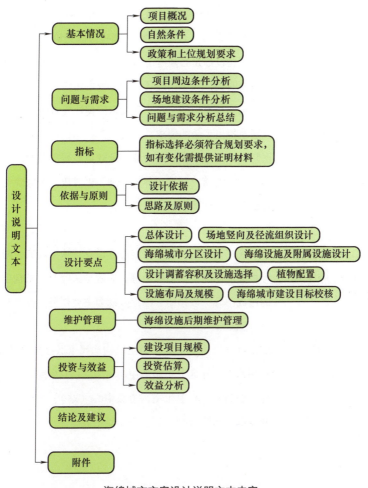

海绵城市方案设计说明文本内容

第三节　医疗建筑设计

问题 279. 医院的建设对城市有什么影响?

答: 从政策的背景来看，十年医改后，医院的运行机制发生了重大的变化，三级医院绩效考核指标对医院的规模也进行了详细的规定。目前推行的分级诊疗改革，国家层面是国家医学中心和国家区域医疗中心的建设，基层是紧密型医共体，这两层夹击导致医院必须跳出机构发展自己的专科，发展自己的医院，这就推进了医院的建设发展。同时，"十四五"的一些关键词，如"优质高效服务体系""公立院高质量发展""新基建"，这些方向无论是医院管理，还是医院建设都是必须考虑的。

后疫情时代，城市面临各种动态场景切换、时间与空间的切换、现实与虚拟的交替，对城市的韧性要求变高，这也对医院建筑提出了新的要求。

医院是一个复杂性的综合体，承载更多城市功能，对城市影响复杂。目前，医院边界更复杂、更开放，去医院化的认知也给医院设计提供了新的思路。

问题 280. 什么是医疗卫生机构? 医疗建筑类型都包含哪些建筑?

答: 医疗卫生机构是依法定程序设立，从事疾病诊断、治疗等相关活动的实体组织总称。医院是医疗卫生机构中的重要的组成部分，以预防、治疗疾病为主要任务，并设有临床治疗设施。

广泛意义上来说，医疗卫生机构均属于医疗建筑涉及范围，包括医院、社区卫生服务中心（站）、卫生院、门诊部、诊所、医务室、村卫生室、急救中心（站）、采供血机构、专科疾病防治院（所、站）等，见下表。

医疗卫生机构分类代码表

A	医院
B	社区卫生服务中心（站）
C	卫生院
D	门诊部、诊所、医务室、村卫生室
E	急救中心（站）
F	采供血机构
G	妇幼保健院（所、站）
H	专科疾病防治院（所、站）
J	疾病预防控制中心（防疫站）
K	卫生监督所（局）
L	卫生监督检验（监测、检测）所（站）
M	医学科学研究机构
N	医学教育机构
O	健康教育所（站、中心）
P	其他卫生机构
Q	卫生社会团体

问题 281. 医院的分级有哪些？

答： 根据卫生部颁布的《医院分级管理办法》，我国采用"三级医疗网"的配置体制。医院按其任务和配置功能的不同，由高到低划分为三、二、一级。每级医院按其技术力量、管理水平、设施条件、科研能力等情况，由高到低划分为甲乙丙三等，其中三级医院增设特等。在实际执行中，一级医院一般不分等，如下图所示。

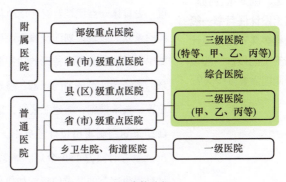

医院的分级

问题 282. 医院设计中医院感染专家是否一直在指导？

答：并不是。"院感"是指"医院感染"，很多医院没有自己的医院感染专家，需要外聘专家来做指导。

医院感染科是"医院感染管理科"的简称，主要的工作就是对医院感染进行有效的预防与控制。医院感染是指住院病人在医院内获得的感染，包括在住院期间发生的感染和在医院内获得出院后发生的感染，但不包括入院前已开始或者入院时已处于潜伏期的感染。医院工作人员在医院内获得的感染也属医院感染。广义地讲，医院感染的对象包括住院病人、医院工作人员、门急诊就诊病人、探视者和病人家属等，这些人在医院的区域里获得感染性疾病均可以称为医院感染，但由于就诊病人、探视者和病人家属在医院的时间短暂，获得感染的因素多而复杂，常难以确定感染是否来自医院，故实际上医院感染的对象主要是住院病人和医院工作人员。自新型冠状病毒肺炎疫情以后，应更为重视该科室的建设。

医院感染设计是医院设计中比较重要的一环，建议设计师在方案设计有一定的阶段成果之后，督促院方请院感专家进行图纸评审，规避图纸的反复。

问题 283. 1000 床左右的综合医院，前期策划的主要内容有什么？前期策划到制定出设计任务书一般需要多久？方案设计和施工图设计一般设计周期需要多少天？

答：医院的前期策划分为两个方向，一个是和医疗相关的医疗工艺的策划，另一个就是和建筑设计相关的建筑策划。医疗工艺的策划涉及科室设置、医院定位、医疗设备需求及配置，更具体一点就是针对环境净化等需求，在前期指导设计师的策划。建筑策划涉及概念设计和防灾设计，建筑策划领域中，医院的流程和特殊的功能要求对于建筑师来说更加复杂，需结合城市规划的规范、建筑美学、投资方需求、地域位置、技术措施、绿建配置等，最终共同制定出前期策划。

前期策划到制定出设计任务书一般需要结合医院的具体情况，参考时间为 1~3 个月。体系相对成熟的医院可以给设计师提供完整的需求信息，加快任务书制定速度。相反则需要进行不断的调研沟通、收集资料等，将耗费大量的时间。方案设计和施工图设计周期跟随整体施工的工期而定。医院是一个特殊的区域，设计师需和业主在前期进行详细的沟通磨合，确定具体施工内容，保证施工周期的正常运行，控制工期及成本。

问题 284. 医疗工艺流程策划在什么阶段介入比较合适？

答：医疗工艺流程策划越早介入越好。

医院的医疗工艺流程设计分为三级：**一级流程是指医院内各单体医疗功能建筑之间的流程，二级流程是指单体医疗功能建筑内各医疗单元之间的流程，三级流程是指各医疗功能单元内部的流程。**其中，一级流程、二级流程一般是由主体建筑的设计单位来完成的，三级流程是由专业的医疗设计单位来完成的。

医疗工艺流程策划公司的工作包括协助院方制定任务书、工艺流程策划、科室设置、科室数量面积等，这些数据的确定会给建筑师的设计带来便利，减少设计反复，这对整体的项目准确性把控是十分必要的。《综合医院建筑设计规范》（GB 51039—2014）第3.1.2条中对医疗工艺流程做出如下要求：**医疗工艺设计应进行前期设计和条件设计。前期设计应满足编制可行性研究报告、设计任务书及建筑方案设计的需要。条件设计应与医院建筑初步设计同步完成，并应与建筑设计的深化、完善过程相配合，同时应满足医院建筑初步设计及施工图设计的需要。**

由于医院建筑具有工业建筑特征的特点，因此需要医疗工艺流程作为其实现医疗功能过程的保证。医疗工艺流程系统的建立以管理、信息、设备和专项设计的需求为依据，同时它又是对管理、信息、设备和专项设计需求的全面整合。医疗工艺流程分级示例见下表。

医疗工艺流程分级示例

级别	医疗工艺分级系统	对应建筑空间	对应医疗单位	举例	相关设计阶段
一级流程	总体流程	医院建筑综合体	医院	医院	工艺规划设计
	部门流程	医疗功能区	部门之间	医技部与住院部之间关系	—
	功能单元流程	医疗功能单元之间	科室之间	手术部与麻醉科、中心供应之间关系	—
二级流程	功能单元内部流程	医疗功能单元内部	科室内部	手术室与麻醉室之间关系	工艺方案设计
三级流程	—	医疗功能房间组	—	磁共振室	工艺条件设计

医疗工艺流程设计分级基于医院建筑设计的阶段要求，在不同设计阶段解决相应的主要问题，便于建筑设计和工艺设计的进行。

问题 285. 其他功能属性建筑改成医疗建筑，报批程序主要有哪些？需要注意哪些问题？

答： 近几年改建项目居多，其他功能属性建筑改成医疗建筑属于既有建筑改造。具体改造流程视当地政策而定，医院是特殊区域，首先去当地自然资源规划管理部门咨询是否可以向下兼容建筑服务属性，是否需要办理房屋建筑变更手续，并统一土地性质，规避不确定因素。其他流程和一般新建建筑的报批流程保持一致，首先向卫健委报批床位数，进行环境、水电、防辐射等评价，提交现有建筑安全性检测鉴定评估报告。

并不是所有地块内的建筑都适合改造成医院，在此之前需要注意到一些其他的问题：周边交通条件是否便捷、消防安全通道条件是否满足使用需求、改造成本代价评估、住房是否满足改建要求、水电设施条件是否满足需求、周边居民是否配合改造施工等，并需要将前期策划流程往前推进，为之后的施工周期留有余地。

问题 286. 其他项目改造成为医疗项目遇到最大的问题就是楼梯的数量和楼梯的宽度不够的问题，类似的情况应当怎么处理？

答： 改造项目中，楼梯数量和宽度的问题很难进行沟通和协商，因为涉及疏散等人身安全，生命安全大过天，此类问题在规划设计时是一定要解决的，是硬性要求。如果遇到楼梯数量和宽度不够的情况下，一定采用新增的方式新建符合标准的楼梯。各地都在出台相关政策，针对在防火疏散、分区等领域若无法满足规划标准的要求，在条件允许下进行商榷，可查阅当地相关政策文件，适当地放松要求。虽然改造更新是当下的难点，但在更新改造的过程中，消防红线不能踩，涉及人身安全的领域要足够重视。

问题 287. 规模测算，科室内容和具体面积怎么计算？

答： 第一个依据就是医院的建设标准，建设标准决定了整体的面积指标；有了整体的面积指标以后，再分到科室，比如一个科室里需要有什么样的检查室，有多少间，需要设计师和医院的具体科室对接。可参考下表预估方式：

医院建设整体的面积分配占比

急诊部	门诊部	住院部	医技部	保障系统	行政管理	院内生活	合计
3%	15%	39%	27%	8%	4%	4%	100%

门诊测算参考下表：

门诊科室规模占比测算

科别	占门诊总量比例	科别	占门诊总量比例
内科	28%	儿科	8%
外科	25%	耳鼻喉、眼科	10%
妇科	15%	中医科	5%
产科	3%	其他	6%
合计			100%

医技科室规模占比参考以下两个表格：

医技科室规模占比测算一

部门/规模		200 床		500 床		800 床		1000 床	
		面积	比例	面积	比例	面积	比例	面积	比例
医技	药剂科	1110	27.1%	2940	27.2%	5050	27.7%	6460	27.7%
	检验科	320	7.7%	1040	9.6%	1820	10.0%	2320	9.9%
	血库	60	1.4%	180	1.7%	310	1.7%	400	1.7%
	放射科	570	13.8%	1720	15.9%	2680	14.7%	3420	14.7%
	功能检查	130	3.2%	830	7.6%	1240	6.8%	1580	6.8%
	手术室	710	17.2%	1530	14.2%	2820	15.4%	3600	15.4%
	病理科	140	3.5%	330	3.1%	590	3.2%	750	3.2%
	中心供应	300	7.4%	660	6.0%	1120	6.1%	1430	6.1%
	营养科	500	12.0%	1000	9.2%	1570	8.6%	2010	8.6%
	医疗设备科	270	6.7%	600	5.5%	1060	5.8%	1360	5.8%
	合计	4110	100%	10830	100%	18260	100%	23330	100%

医技科室规模占比测算二

科别	占医院总床位比率	科别	占医院总床位比率
内科	30%	耳鼻喉科	6%
外科	25%	眼科	6%
妇科	8%	中医科	6%
产科	6%	其他	7%
儿科	6%		
合计			100%

问题 288. 综合医院大型医疗设备的数量是院方确认的吗？

答：配置大型医用设备要充分兼顾技术的安全性、有效性、经济性和适宜性，促进区域卫生资源共享。医院的设备购置是与医院运营发展相关的，需要与院方确认采购的设备类型、数量，以及后期预留设备计划。

包含大型医用设备的房屋建筑面积可参照下表的面积指标增加相应的建筑面积。

综合医院大型医用设备房屋建筑面积指标　　（单位：m²/台）

设备名称	单列项目房屋建筑面积
正电子发射型磁共振成像系统（PET/MR）	600
X 线立体定向放射治疗系统（Cyberknife）	450
螺旋断层放射治疗系统	450
X 线正电子发射断层扫描仪（PET/CT，含 PET）	300
内窥镜手术器械控制系统（手术机器人）	150
X 线计算机断层扫描仪（CT）	260
磁共振成像设备（MRI）	310
直线加速器	470
伽马射线立体定向放射治疗系统	240

问题 289. 医疗建筑如果在改造的同时有新建，是否要走报规手续？

答：是的，医疗建筑改造时如果涉及新建部分，有新建肯定是涉及增加面积的问题，是需要重新走报规手续的。报规程序是指依据相关法规，向当地规划部门提交规划申请，包括设计方案、施工图纸等资料，经过审批后取得规划许可证。这是为了确保新建部分符合城市规划、建筑设计规范以及相关法规要求，保障建筑工程的质量和安全。具体流程和要求可能因地区和项目性质而异，建议咨询当地建设主管部门或建筑师获取更详细和准确的信息。

问题 290. 如果是其他建筑改造成医院，原有电梯不是医用电梯怎么办？

答：通常情况下大多数的改造类医院都是需要改造电梯的。根据《医疗机构管理条例》的规定，医疗机构的建筑设计应当符合医疗建筑设计规范，其中包括电梯的设计要求。医用电梯应当具有较高的安全性和稳定性，能够满足病人和医务人员的使用需求。如果现有的电梯不符合医用电梯的设计要求，例如电梯尺寸、载重量、速度等方面不能满足医院的使用需求，或者电梯的安全性和稳定性不能得到保证，那么应当考虑更换电梯。在进行电梯更换或维修时，应当选择具有相关资质的电梯维修或安装单位，确保电梯的安全性和稳定性。同时，应当遵守相关的法规和规定，确保电梯的安装和维修符合相关标准和规范。

问题 291. 如果是其他建筑改造成医院，楼梯宽度不够怎么办？

答： 如果在改造建筑过程中发现楼梯宽度不够的情况，可以考虑以下解决方案：

（1）增加担架通道： 如果楼梯宽度不够，可以考虑在楼梯旁边增加担架通道。这可能需要对原有楼梯进行一定的改造或扩建，以提供足够的宽度和空间，以便担架能够顺利通过。这需要与建筑设计师或承包商合作，确保改造后的通道满足相关要求。

（2）增加紧急疏散通道： 如果楼梯宽度无法满足疏散需求，可以考虑在建筑中增加紧急疏散通道。这可以是独立的紧急疏散楼梯或其他适合的紧急疏散设备，以确保在紧急情况下人员能够快速安全地疏散。

问题 292. 医疗建筑增加床位数需要重新报规吗？

答： 增加床位数是否需要报规，主要取决于是否新增建筑，分为两种情况：第一种，在已经做好的护理单元里增加床位，如 2 人间变成 3 人间、在走廊里增加床位等，此类情况下不需要重新报规，涉及编制床位和展开床位的问题，具体可根据业主方要求，床位可灵活机动变化。第二种，若需要扩充医院整体建筑规模，需加盖新楼，使得建筑面积增加，进而造成整体床位增加，此类情况下肯定需要进行重新报规。

问题 293. 医院有哪几类人流？

答： 综合医院包括**人流、物流、信息流**三大类功能流线。不同类型的人流、物流，再加上洁污分区、洁污分流的特殊要求，导致综合医院功能组合、流程组织的复杂性和特殊性，见下表，如下图所示。

医院流线构成表

类别	构成		分项内容
人流	就诊人群	普通患者	门诊患者、急诊患者、住院患者
		隔离患者	感染患者
		健康人员	心理咨询、康复人群、保健咨询、体检、产科检查人群
	工作人群	医护人员	医生、护士、护工
		行政后勤人员	运行服务、维修、物业安保人员、行政管理人员
		培训人员	学生、进修医生、培训生
	其他人群	探访人员	病人亲友、参观学习人员
		陪护人员	病人亲属、社会性护理人员
	临床信息		病人出入院信息、检验报告、医嘱等
	支持维护信息		医疗设备基本信息、设备组修记录等

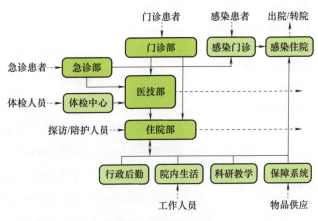

医院人员行为流线示意

问题 294. 日门诊量不能明确时，如何预估？

答：**门诊量是床位数的三倍**，在没办法知道医院的需求时，可以按这个方式进行预估。

日门诊量：每天累计门急诊患者人数通过总床位数乘以诊床比

得出。也可按本地区相同规模医院前三年日门（急）诊量统计的平均数确定。普通综合医院的日门诊量与编制床位数的比值宜为 3∶1，大型的地区性或国家级综合医院诊床比可按 5~8∶1 考虑。门急诊患者陪同人数考虑为日门急诊量的 1.3~2 倍。

问题 295. 医疗建筑中教学科研用房的指标怎么确定？

答： 由医院承载的教学科研任务量和科研人数决定。

临床教学用房： 一般按床位数计，设专门的教学病房，病房的床位数按《医院病房设计规范》执行。如综合医院设置专科病房，其床位数按专科收治病人人数确定。普通病房不单独设教学床位。

科研用房： 一般按床位数计，如综合医院的科研用房可按每 200 床设置一个科研用房的标准配置，设有单独的实验室或研究室；医院设专业研究实验室时，其可按每 200 床设置一个实验室。

问题 296. 区域医疗中心的教学、科研和实验功能用房与病区放在同一栋建筑好还是各自设置在不同的区域里好呢？

答： 最好是分开设置，教学科研有很多特定的功能用房，比如动物实验用房等需要单独出入口，同时建议分开设置。区域医疗中心的教学、科研和实验功能较为丰富，教学科研人员繁杂，包括学生、观摩人群等，涉及人员流动以及声音嘈杂等问题，所以如果和病区放在一个楼里会对病区里面的病人造成一定的影响，建议设置分开并设置独立的出入口。

对于区域医疗中心的教学、科研和实验功能用房与病区的设置问题，各有利弊。如果将这些功能放在同一栋建筑中，可以提高设施的利用效率，减少人员流动的距离，方便交流和合作。然而，如果将这些功能放在同一栋建筑中，可能会产生一些问题。例如，教学、科研和实验功能可能会产生较大的噪声，对病区的患者造成干扰；同时，人员流动较大，可能会增加病区的感染风险。因此，一般来说，建议将这些功能设置在不同的区域，并设置独立的出入口，以便于管理和控制。这样可以有效地避免上述问题，提高病区的医疗环境和服务质量。

问题 297. 医院项目在污梯设置时，门急诊的污物流线一般怎么解决？尤其是规模在 1000 床位左右，经济造价一般的情况，还单独设置门诊污梯吗？医技部分只设一个污梯，存在污物穿其他科室至污梯的情况，这种情况合理合规吗？

答： 污物电梯的主要功能是运输医用垃圾及尸体。没有相关规范规定门诊急诊的污物电梯需要单独设置，只规定在住院部需要设置污物电梯。门诊和急诊科室的房间分布比较琐碎，无法设置一个流畅的污物流线，可以采用在楼层某区域集中收集医用垃圾，设置储存间暂存，在特定的时间进行集中转运。规模在 1000 床位左右，且经济造价一般情况下，不需要单独设置门诊污梯。可在楼层靠后区域，且不靠近医生工作区域，单独找一部电梯错时使用即可，错时运送医疗垃圾等污物到指定处理区域。

污物流线设计是医疗建筑设计比较重要的一个部分，规范没有具体规定，但是污物穿越其他科室可以通过合理规划避免此类问题的发生。设计污物流线的要点是：在规划的时尽量考虑到手术室、病理科、产房等污物需求量高的科室，在规划上要尽量靠近污梯，尽量避免污物穿越其他科室。单层面积较大的情况下，不能单独设置污物电梯，可以设置暂存空间，可通过公共空间将医疗垃圾运输到污梯。

问题 298. 医院层高为多少比较合适？

答： 医院各部门的层高结合其功能需要和经济性而有所不同。依据暖通专业规范要求，医院的层高应达到 4.0~4.3m，首层作为医院大厅，达到 5.4m 左右。

《综合医院建筑设计规范》（GB 51039—2014）第 3.1.11 条规定室内净高在自然通风条件下，诊查室不应低于 2.60m，病房不应低于 2.80m，公共走道不宜低于 2.30m，医技科室根据需要而定，手术室净高不宜小于 3.00m。同时应结合特殊的器械、设备的管径尺寸而具体调整。吊顶内应考虑结构梁、设备管线的尺寸为 1.0~1.2m，在此基础上确定层高。

从提高病人的舒适度出发，室内净高宜适当增大，尤其是人员较多的大型公共空间，例如门诊大厅、门急诊候诊区等，要尽量提高净高，给予患者舒适感觉。同时要注意核查上下层的相互影响，尤其是上层排水不能进入下层房间的，需要降板处理，会影响下层房间净高，见下表。

各部门层高参考

部门/区域	功能用房	净高控制	建议层高
门诊部	诊室	2.6~2.8m	4.0~5.0m
	公共部分		
医技部	医技检查用房	2.8~3.0m	4.5m
	手术部等	2.8~3.4m	
住院部	病房	2.8~3.0m	3.9m
地下室	机动车车库	2.2m	3.6m
	设备用房	3.0~4.0m	5.1m

问题299. 不同医疗功能如何分配楼层？

答： 建筑功能楼层分配应综合考虑经济性、舒适性、可达性等要素。长时间有人员逗留的功能房间需要尽量提供自然的采光和通风，优先设置于地上；有射线屏蔽和大荷载的医技用房可设置在地下空间，但应充分考虑设备安装时的进出通道；机动车停车设置在地下，地面可提供更多的绿化和活动空间；餐厅、供应室、垃圾站等功能依据具体的项目情况进行研判，见下表。

各科室楼层分配参考

功能名称	地上	地下	不宜设在地下
门诊	大部分门诊用房	商业设施	
急诊	输液、留观	急救功能、影像检查	
住院	护理单元	住院药房、商业设施	
医技	手术部、病理科	影像检查、核医学、放疗科	中心供应室、高压氧舱
保障系统	制剂室	营养厨房、机电设备用房、停车、污水处理	垃圾站

功能名称	地上	地下	不宜设在地下
业务管理	会议、信息中心、行政办公	浴室、后勤人员工作和生活用房	
院内生活	宿舍	餐厅	

通过下沉庭院为功能房间提供自然采光通风的情况下，也可布置在地下。

问题 300. 怎么看待门诊区医患分离的问题？

答：门诊设计的医患分离可能会带来通风采光的矛盾，是否运用医患分离的设计手法与医疗的运行模式有关系，所以中西方的设计是有差异的。

目前设计有两种方式，一种是病人走病患走廊，诊室外圈做一圈医护走廊，但这样门诊诊室就无法采光，另外一种更常见的是医患合在一块的中间走道模式。但是在国外，患者走廊都是采光通风的，反倒是医护走廊在中间，形成医生的工作组。其原因是就诊模式的不同。国内医生在诊室里待的时间很长，所以需要更好的采光和通风，比如一上午有 50 个病人，医生就在诊室里坐很长时间，但是国外都是预约日，所以诊室是黑的，候诊区反而是亮的。

问题 301. 改造项目没有多余的空地了，高压氧舱是否可以设在其他建筑主体的一层？

答：可以，但也需要和环评进行沟通。在改造项目中，如果已经没有多余的空地来设立高压氧舱，可以考虑将其设在其他建筑主体的一层。但在具体实施前，需要与相关部门和单位进行沟通和协调，以确保高压氧舱的设置符合相关法规规定。例如，需要与环保部门进行环评沟通，评估高压氧舱对周围环境和人群的影响，并采取相应的环保措施。同时，还需要与建筑设计单位进行沟通，确保高压氧舱的设置符合建筑设计规范和施工要求。在实施过程中，还需要注意高压氧舱的安全管理，确保病人和医务人员的生命安全。

问题 302. 哪些科室要放在一起，哪些科室要分开？有无相应原则？

答： 医院科室的划分大体上有以下几种方式：按诊疗手段分为内科、外科、放射诊断、治疗科等；按诊疗对象分为妇产科、小儿科、老年病科等；按病种分为肿瘤、传染病、结核病、精神病、遗传病、糖尿病、风湿病等；按人体器官分为眼科、耳鼻喉、口腔、神经、呼吸、消化、内分泌等；按系统综合分为神经科（神经内科与神经外科）、消化科（包括内、外科、病理、放射等有关专业）等；按技术设备分为功能检查中心、影像中心、中心摆药室等。各科室布置核心是一级科室，后台在中间，前台面向门诊还是住院需要考虑。具体根据人流量和空间骨架关系来优化设计，灵活安排。

医院科室的设置与医学的学科设置既有一定的对应关系，又有所区别。有些关联度高的科室，如手术室和 ICU、急诊和手术室，这些科室之间要有相应的纵向交通串在一起或者相对比较近。有些科室要供应手术室，包括血库和病理，这种情况最好同层或者上下设置。门诊中的眼科、耳鼻喉科、口腔科可合并设置，如下图所示。

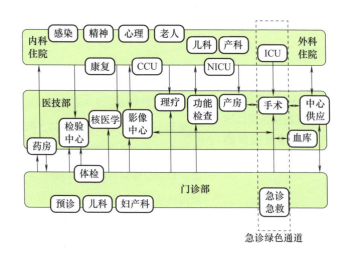

主要医疗科室关系示意

问题 303. 儿科规划布局在院区总体规划上有什么特殊之处?

答: 由于儿科患者特殊,在院区总体规划上,在各个专科内均设有专门的儿科诊室和病房。在院区总体规划上,需要注意到儿科可能会比较吵闹,对周边其他空间造成影响,因此建议独立成区。一般会把儿科放在比较低的楼层,并有单独的出入口,尽量与其他病人流线进行区分。

儿科诊区的设计,除医疗流程的考虑,还要从儿童独特的心理需求进行童趣化、人性化设计。设计上应满足空间尺度适宜、色彩丰富、充分利用自然光线与自然通风的原则。此外,为了保证儿科患者的安全和舒适,儿科除了就诊空间外,还需要设置活动空间。院区内一般设有儿童游乐区域,并配有安全措施。儿科工艺流程图如下图所示。

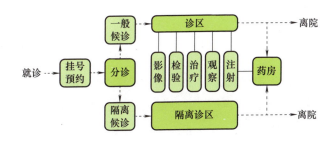

儿科工艺流程图

问题 304. 妇产科规划布局在院区总体规划上有什么特殊之处?

答: (1) 良好的交通: 妇产科需要设置在交通便捷的地方,以便患者和医护人员能够方便地到达。它通常与手术室、病理科、放射科等邻近,以便于诊疗和协作。

(2) 特殊设备的考虑: 妇产科需要使用许多特殊的医疗设备,如B超、胎心监护仪、妇科检查台等,因此在规划布局时需要为这些设备留出足够的空间。

(3) 私密性: 妇产科涉及许多私密性的话题和诊疗过程,因此需要设置专门的区域来保护患者的隐私,如独立的诊疗室、产前休息室等。

(4) 色彩搭配: 妇科门诊在装修上应考虑到色彩的搭配,营造时尚、温馨、柔和的女性就医环境。

妇产科工艺流程图如下图所示。

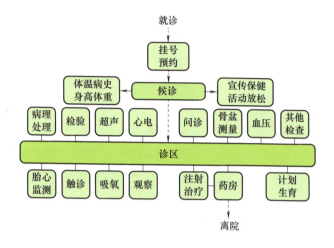

妇产科工艺流程图

问题 305. 高压氧舱能否设置在地下室，是否有特殊要求？

答： 高压氧舱是特殊的治疗手段，条件允许的情况下，应单独设置在某一空间区域，因为存在储罐。高压氧舱因舱体较重，一般设于建筑的底层沿建筑外墙放置，须预留安装洞口，并考虑运输通道。高压氧舱大厅下面需要做 2.0~2.5m 的地下室（地下室需做防水处理），便于管道连接与检修，也使高压氧舱的舱内地面能与地面持平。

如条件实在不允许，实际工程中存在高压氧舱设置在地下室的情况，但应以当地审图部门意见为准。高压氧舱科室房间组成见下表。

高压氧舱科室房间组成表

工作区	高压氧舱、空气压缩机房、储气储水罐间
医护区	检查室、医护办公室、会诊室、抢救室
等候区	接待室、担架存放、护士站、更衣、卫生间

高压氧舱的舱体有**过渡舱**、**治疗舱**和**手术舱**三种。

治疗舱分为立式和卧式；大中型舱根据舱室、舱门的数量可分为三舱三室七门、**两舱两室四门、一舱二室四门、一舱二室三门、一舱二室二门**。

问题 306. 高压氧舱一般什么类型和规模的医院需要设置?

答：高压氧舱是一种医疗设备，主要用于治疗一些疾病，如潜水员减压病、气栓症、急性一氧化碳中毒等。一般来说，需要设置高压氧舱的医院类型和规模取决于以下几个因素：

（1）医院类型：高压氧舱通常设置在综合医院、专科医院或康复医院等医疗机构中。这些医院通常具有较高的医疗水平和较完善的设施，能够为患者提供高质量的医疗服务。

（2）医院规模：医院规模也是考虑是否需要设置高压氧舱的因素之一。一般来说，规模较大的医院由于患者数量较多，可能需要设置高压氧舱以满足治疗需求。

（3）患者需求：医院是否需要设置高压氧舱还取决于患者的需求。如果医院收治的患者中有很多需要高压氧舱治疗，那么医院可能会考虑设置高压氧舱。

（4）地区特点：不同地区的气压和气候条件可能不同，这也可能会影响医院是否需要设置高压氧舱。例如，在高原地区，由于气压较低，可能需要设置高压氧舱以帮助患者适应高原环境。

总的来说，需要设置高压氧舱的医院类型和规模因地区、患者需求和医院规模等因素而异。

问题 307. 制氧机房是否能附建在建筑内，靠外墙设置，采用防火墙完全分隔，是否允许?

答：不可以，需独立设置。制氧机房应与一般民用建筑间隔大于 25m，与重要公共建筑间隔大于 50m。

医院氧气气源一般有制氧机、液氧储槽、汇流排三种方式。制氧机机房可设置于地下室内，但应具有良好的通风，保证良好的空气源品质，制氧机房的面积一般为 50m^2，机房高度不宜小于 3.6m。氧气汇流排间可设置于建筑内，汇流排间一般面积在 20~30m^2。

问题 308. 某项目靠近电梯处设置了 MR 和 CT，做了铅板防护，以后会有问题吗？

答： CT 需要做铅板防护，需要隔离电离辐射，MR 不能接近移动金属，需要设置铜板，屏蔽其他对自身的影响。

医院的辐射主要包括 X 射线、核医学科、直线加速器等。X 射线的防护主要通过砖墙或砖墙 + 铅板进行防护。直线加速器的能量较大，射线的防护应采用重晶石混凝土进行防护。核医学科治疗过程中采用放射性元素，除病人的活动区域限定外，对于病人产生的废水等含放射性的物质应集中处理后才能排放。防辐射构造见下表。

防辐射构造表

辐射设备	防护措施
X 光	300mm 厚黏土砖墙或砖墙 +（1~3）mm 铅板
直线加速器	2~2.5m 厚重型混凝土，主照射面厚度大于 2.5m
CT	300mm 厚黏土砖墙或砖墙 +（1~3）mm 铅板
DR	300mm 厚黏土砖墙或砖墙 +（1~3）mm 铅板
MRI	龙骨支撑，采用 0.5mm 的钢板厚度的六面体
ECT	300mm 厚黏土砖墙或砖墙 +（1~3）mm 铅板
PET-CT	300mm 厚黏土砖墙或砖墙 +（1~3）mm 铅板
DSA	300mm 厚黏土砖墙或砖墙 +（1~3）mm 铅板

问题 309. 既有建筑改造的医院手术室可以放置在一层吗？

答： 既有建筑改造的医院手术室结合具体情况可以放置在一层。手术室的位置应根据具体医疗需求来定，急诊室、发热门诊等可以配置紧急手术室在一层。综合医院的规范规定手术部不宜设置在首层，是基于考虑到首层环境较为嘈杂，污染较大，且不方便管理，同时洁净手术室的安全标准需要净化机组设备进行净化，需要经常更换过滤片，净化运营成本偏高。若一定要放在一层，首先要考虑净化成本，以及污物流线、人流流线的控制，需要进行相应的处理。

净化需求高的手术室不宜放在首层，其他可根据具体情况考虑，新建手术部在独立干净的区域设置，易于管理和控制洁物流线。净化机组的设置，需要节省管道长度和提高净化速度，设计时一定要考虑到净化机组的位置，是否连接，净高多少，若需要设置净化机组在首层，可以视层高是否足够而定，或放在同层其他位置用管道水平连接。

问题 310. 医院在二层以上不能采用玻璃幕墙，有什么好的处理办法吗？

答： 建筑标准 38 号文《住房城乡建设部国家监管安全总局关于进一步加强玻璃幕墙安全防护工作的通知》中指出，玻璃幕墙容易自爆及脱落，存在人身安全隐患，要求在新建住宅、党政机关、医院门诊急诊楼及病房楼、办公楼、中小学校、托儿所幼儿园、老年人养老建筑等此类弱势群体使用的建筑，不得在二层以上使用玻璃幕墙。

考虑到虚实对比及建筑美学，玻璃幕墙在建筑设计中应用广泛，原则上建筑师可以在设计时通过一些构造上的措施改造，避免被认定为玻璃幕墙。具体做法为把主体结构和玻璃部分进行有效的连接，把板和梁做出，让玻璃搭在梁上，做成幕墙窗或横向条窗，减少石墙面积，可以达到一个和玻璃幕墙类似的视觉效果即可，完全不使用玻璃就需要在效果上进行取舍。建筑师需要综合考虑，不断地学习借鉴新方法新材料，符合规范的前提下，在建筑美学上进行取舍，做到不呆板、美观、有特色、人性化，因地制宜且符合建筑特质，满足使用及心理需求。

问题 311. 手术室污物通道的宽度需要满足消防疏散宽度吗？

答： 手术室污物通道的宽度，取决于污物通道是否用来进行疏散。若进行疏散则需要满足规定的消防疏散宽度，反之，若能与审图专家沟通，证明此污物通道不需要进行疏散，则不需要满足消防疏散宽度。考虑到污物通道一般情况下人流量较小，且推床不从此处通过，如果不用来疏散，则满足 1m 的基本的推车通过宽度的使用要求即可。在有条件的情况下，尽量考虑到疏散的要求，手术室面积较大，仅依靠前方的疏散通道可能不足够，紧急时需要借用后方的通道进行疏散，且通道门向外开会占用一部分的通道空间，设计师尽量多方考虑，将污物通道做宽且留有余地。

问题 312. 新风机房是否每层都需要设置？可以都放到顶层吗？

答：常规做法是希望机房在每一层，甚至每一个防火分区都要有，或者两个防火分区共用；但也可以尝试集中设置的某一个楼层，和暖通工程师仔细沟通，这种方式是可以实现的。但是也会带来一定的代价，就是机房集中设置，管井一定会更多，风速也会提高。

问题 313. 冷却塔可以放在医技楼内吗？

答：冷却塔通常可以放在医技楼内，但需要考虑以下因素：

（1）**空间：** 冷却塔需要足够的空间来安装和运行。如果医技楼内没有足够的空间，或者冷却塔的尺寸超出了医技楼的承载能力，那么可能需要考虑其他安装位置。

（2）**结构：** 医技楼的结构需要能够承受冷却塔的重量和振动。如果医技楼的结构无法承受这些负荷，那么可能需要进行加固或选择其他安装位置。

（3）**安全：** 冷却塔的安装需要进行高处作业，因此需要考虑安全因素，如安装人员的安全、冷却塔的稳定性和防风能力等。

（4）**环境影响：** 冷却塔的运行会产生噪声和振动，需要考虑这些因素对医技楼内人员和设备的影响。

（5）**维护和维修：** 冷却塔需要定期维护和维修，需要考虑这些工作是否会对医技楼的正常运行造成影响。

综上所述，冷却塔可以放在医技楼内，但需要综合考虑多种因素。在确定冷却塔的安装位置时，应确保医技楼的结构和设计适合安装冷却塔，同时充分考虑安全、环境和维护等因素。冷却塔经常会设置在医技屋顶，但需要解决噪声和振动的问题，同时可能对外立面效果有一些破坏。

问题 314. 医院是否全部按机械排烟考虑？窗户会装限位器吗？

答： 医院按机械排烟考虑较多。原因是：其一，医院走廊居多；其二，医院黑房间特别多。因此，医院需要机械排烟的地方比其他建筑来说，相对较多。医院是否全部按机械排烟考虑，需要根据具体情况进行分析。一般来说，医院会按照机械排烟的方式进行设计，以保证在火灾时能够及时排除烟雾，确保人员的安全疏散和火灾的扑灭。但是，在实际设计中，还需要考虑医院的建筑特点、安全要求、经济性等因素。

在医院中，一些地方可能不适合采用机械排烟，例如，一些病房和手术室可能需要保持安静和洁净，不适宜使用机械排烟设备。在这种情况下，可以考虑采用自然排烟方式，或者机械排烟和自然排烟结合的方式，以达到更好的排烟效果。

窗户装限位器是医院为了防止病人意外坠楼而采取的安全措施，与排烟方式的选择没有直接关系。在设计医院排烟系统时，应当根据医院的具体情况和要求，综合考虑各种因素，选择最合适的排烟方式。

问题 315. 公立医院在可研报告里面已经明确了改造范围和内容，在实际设计过程中，在造价可控的情况下可以改变范围和内容吗？

答： 在实际设计过程中，如果在造价可控的情况下，公立医院的改造范围和内容是可以进行一定的调整的。这通常是因为在可研报告编制时，很多细节可能还没有完全确定，或者在实际操作中发现了一些需要调整的问题。

在类似的案例中，有一些公共建设项目在实施过程中进行了范围和内容的调整。例如，某些医院在改造过程中可能会根据实际需求增加或减少一些功能区域，调整一些设备配置，或者对空间布局进行微调。这些调整通常是为了更好地满足医院的功能需求和提高工作效率。

在实际过程中，没有建筑能够做到初步设计和施工图完全不改，公立医院已经把造价控制得非常严格，改变太多会造成造价改变太多。一个医院的建设周期可能四五年，在这个过程，运营理念、科室调配，甚至在可研方案中，甲方也不确定每一块的功能分区，哪个科室具体安排在哪。造价变化了，用同等价格交换的原则，控制总造价，某一个单体和某一个单项价格有多有少。

问题 316. 综合医院设计规范要求主楼梯宽度，主次楼梯怎么界定？医院内办公楼、制剂楼等楼梯需要符合这个宽度要求吗？

答： 综合医院主楼梯的宽度规定为 1.65m。解答这个问题，首先需要从楼梯的功能入手，楼梯是连接不同楼层之间竖向的功能和标高的关系，主要功能是进行疏散。主楼梯与普通楼梯的区别，是主楼梯需要承载横向运输的功能，在电梯故障、火情警报的情况下，需要将病人通过担架、推车等工具运输出去，普通楼梯宽度不够，则在一个主要的位置安一部比较宽的主楼梯，来应对突发情况。主楼梯一般放置在人流主要核心区域，如医用电梯旁边，若电梯出现故障，可快速选择主楼梯进行病人的运输，并在日常使用时，可以提供一个宽敞舒适的上下行空间。

医院内办公楼、制剂楼等不需要符合主楼梯宽度要求，回到主楼梯的原理功能上来考虑，因为办公楼、制剂楼等主要是进行办公，没有运输病人的需求，所以不需要符合主楼梯的宽度要求，普通楼梯即可。

问题 317. 中心手术各功能房间配比有测算方式吗？

答： 手术部门的规划不仅要满足医院当下的需求，并且要考虑未来的发展，手术部的大小应根据医院的等级、规模、性质等，并视自身的发展需求而定。关于手术室数量的估算，目前比较普遍地采用以下公式：

方式 1：医院总床位数 /50（或医院总床位数的 2%）

方式2：医院手术科室病床数 / (20~25)

方式3：$B \times 365 / (T \times W \times N)$

B 为需要手术的总床位数；T 为平均住院天数；W 为手术室全年工作天数；N 为手术室每日平均手术次数。感染和急诊手术额外增加 1~2 间；日间手术，可额外再增加 1~2 间。

一些流量比较大的省级中心医院或者专科医院，比如肿瘤医院，对手术室的数量会有更多的需求，无法简单地套用公式，建筑师应与甲方共同收集手术部门的运营资料，探讨并制定切合医院发展实际的空间编制。需要收集的数据包括每年的手术量、高峰期手术量、手术时长与手术室的清理轮转时间、手术室利用率、现有手术间数量。

术前准备区，与手术室的比例为 2~3∶1，术后恢复区，与手术室的比例为 2~3∶1，手术中心存储空间做到所有单个手术室面积总和的 32%。在布局的时候同时考虑集中布置与分散布置。

问题 318. 外科需要布置门诊手术吗？急诊需要急诊手术吗？如果全部设置是否与手术中心重复？

答：住院手术流程上比较复杂，通俗上的进法是"大手术"，需有专业的手术室，有专门的麻醉师进行麻醉，最少有两名主治医生进行操作，旁边还有护士进行护理，也有器械师辅助帮助手术完成，并在医院内接受手术和治疗一段时间的手术方式，例如心脏病、肝病、癌症等需要长时间的治疗和观察。在住院期间，患者通常需要接受全面的医疗监护和护理，包括药物治疗、营养支持和身体康复等。

门诊手术是指患者不需要住院，仅在医院门诊部接受手术和治疗，以治疗疾病或挽救生命为目的，被保险人只全身麻醉或半身麻醉（不包括局部麻醉），在门诊手术室进行切除、缝合等治疗的手术，一般有一名医生，一名护士操作就可以，由护士进行消毒，然后由医生进行操作，护士在旁边配合。

总的来说，住院手术需要在医院住院接受治疗和观察，而门诊手术不需要住院，患者可以在手术后回家自行恢复。

门诊手术和急诊手术是两个不同的概念。如果医院比较大，肯定要布置急诊手术，晚上方便对急诊患者进行手术。若医院投资不足，不建议设置较多手术室，不要妇产科、外科、骨科都设置，这样会造成浪费，可以稍微集中些设置。另外，手术室和治疗室可以设置成一个集中的治疗部门，独立成立，这样有利于设施资源的充分利用。

问题 319. 护士站和护理单元有什么关系？

答：护理单元是由配备了完整的工作人员如医生、护士、护工、若干病人床位、相关诊疗以及配属的医疗、生活、管理、交通等用房组成的基本单位，具有使用上的独立性。在护理单元内部，可以对其所属病人集中或分组进行护理。护理单元是组成住院部的基本要素。

护理单元的用房由必备的用房和根据需要配备的用房两部分组成。必备的用房包括病房、抢救室、病人与医护人员盥洗室、浴厕、污洗室、护士站、治疗室、处置室、医生办公室、男女更衣值班室、库房、配餐室。

所以说，护士站是护理单元中的一个必备用房。

问题 320. 洗衣房设置在地下合理吗？

答：可以设置在地下，但需要注意洗衣房排水、振动的影响，洗衣房的设置外包给其他公司。

为了节约能源，要对厨房、洗衣房、中心供应室、病房等处的用汽时间和用汽量严加管理。在设计上，应根据各科、室用汽时间的具体情况，单独分环供汽。

所有厨房、洗衣房、中心制剂、病房、门诊的高压蒸汽用汽设备，如蒸饭锅、煮饭锅、汤锅、烫平机、熨平机、烘干机、湿消毒器、开水罐、保温桶等，其凝结水均须聚集和回收，但干式消毒器内锅的凝结水必须抛弃，不得进入凝水池。聚集凝结池的凝结水不得弃置不用。中心（消毒）供应室蒸汽凝结水宜集中回收处理后，排至城市污水。

问题 321. 公立医院和私立医院设计上最大的不同在哪些点?

答： 公立医院从立项开始，做项目建议书、可研、初设评审，所有都是按照标准来的，比如综合医院建筑标准，单床面积多少，各部分的比例是多少，急诊占 18% 等，在可研和立项报告方面，都是非常明确的，公立医院都要按照这个体系来做。其中某一项指标超标了，需要给评审单位做大量的解释，私立医院不要这些评审。公立医院方便对医生的管理，患者做项目等需要到对应的位置去做，能够承受更多的患者，私立医院方便于患者。私立医院会把小的功能科室与小的一级科室分散开，患者就近更容易就诊。公立医院在造价上限制得非常严格，可研已经确定造价了，原则上不能超过预算的，私立医院会有弹性，但是在做的过程中经常会有改变。

除此之外，公立与私立医院还有以下承担任务、资金来源、规模和服务范围、设备和技术、管理和运营等方面的区别：

（1）承担任务： 公立医院通常是由政府或公共机构管理和运营，其主要任务是提供基本医疗服务、紧急救治和公共卫生服务。私立医院则是由私人机构或个人所有和运营，其目标是提供高质量的医疗服务并获得经济利益。

（2）资金来源： 公立医院通常依赖政府拨款和公共资金，因此设计时需要考虑成本效益和公共利益。私立医院则依赖私人投资和患者付费，因此在设计上更注重提供高端设施和舒适的环境。

（3）规模和服务范围： 公立医院通常较大，服务范围广泛，包括各种科室和医疗服务，以满足大量患者的需求。私立医院可能规模较小，专注于特定领域或高端医疗服务，以提供个性化和高品质的护理。

（4）**设备和技术**：私立医院通常投资更多的设备和技术，以提供先进的医疗设施和诊疗技术。公立医院可能在设备和技术方面有限，但更注重基本医疗服务和公共卫生需求。

（5）**管理和运营**：公立医院通常受到政府的管理和监督，决策过程可能较为烦琐。私立医院则更具灵活性，可以更快地做出决策和调整运营策略。

问题 322. 新型冠状病毒肺炎疫情结束后，住院部分还需要设置三区两通道吗？

答：三区是指清洁区、半污染区和污染区；两通道是指医护人员和患者在进入污染区时，应分别设置独立入口（或通道），医护人员和患者应通过不同的出口退出，且医护人员返回清洁区的口部与其进入污染区口部应分别设置，不得合用，应用于医院的感染科室及手术室、ICU 等重点区域。2020 年新型冠状病毒肺炎疫情暴发，全国各地新建、改造负压隔离病房及方舱医院，其中重要的建设或改造部分就是三区两通道。

新型冠状病毒肺炎疫情结束后，综合医院住院区不需要设置三区两通道，但是有一个条件：医生区和患者区需要严格区分，若未知的疫情再次暴发，医院就有紧急和快速转换的功能，是非常有必要的。

问题 323. 医院改扩建不停诊施工需要注意哪些事项？

答：医院是公共场所，需要控制施工的时间。不停诊施工有以下几点需要注意的：

（1）**提前规划**：在设计初期，与施工团队和相关利益相关者合作，共同制定详细的施工计划。这将有助于减少停工时间，并确保施工进度与设计流程相协调。

（2）**风险评估**：在设计过程中，进行全面的风险评估，特别是与施工相关的风险。这将有助于预测潜在的施工难点，并采取相应的措施来减少停工时间。

（3）**模块化设计**：采用模块化设计方法，将项目划分为较小的可独立施工的部分。这样可以在施工期间只停工某些区域，而不会影响整个项目的进行。

（4）并行工作： 设计流程中，尽可能将不同工作任务并行进行，以减少施工期间的停工时间。例如，可以同时进行结构设计和室内装饰设计，以便在施工开始时即可进行。

（5）施工友好设计： 在设计过程中，考虑施工的可行性和便利性。例如，选择易于施工的材料和构件，避免复杂的施工工艺等。

问题 324. 医院人防建设是强制要求吗？如果项目不具备人防建设条件应该怎么办？

答： 医院人防建设是依据当地人防办批复，和整个城市的人防建设有关，目前来看，越来越多的医院是要求建设人防的，因为其他的公建所配建的人防很多是不能配建医疗类的。

建筑工程有下列情形之一，不宜修建人民防空工程的，建设单位可以申请异地建设：

（1）采用桩基且桩基承台顶面埋置深度小于 3m（或者不足规定的地下室空净高）的。

（2）按规定指标应建防空地下室的面积只占地面建筑首层的局部，结构和基础处理困难，且在经济上很不合理的。

（3）建在流砂、暗河、基岩埋深很浅等地段的项目，因地质条件不适于修建的。

（4）因建设地段房屋或地下管道设施密集，防空地下室不能施工或者难以采取措施保证施工安全的。

问题 325. 医院新建用地需要预留发展用地吗？

答： 需要留。《综合医院建筑设计规范》（GB 51039—2014）第 4.2.1 条中指出总平面设计应符合下列要求：

①合理进行功能分区，洁污、医患、人车等流线组织清晰，并应避免院内感染风险；②建筑布局紧凑，交通便捷，并应方便管理、减少能耗；③应保证住院、手术、功能检查和教

学科研等用房的环境安静；④病房宜能获得良好朝向；⑤宜留有可发展或改建、扩建的用地；⑥应有完整的绿化规划；⑦对废弃物的处理做出妥善的安排并应符合有关环境保护法令、法规的规定。

由于病员的不断增加、新仪器设备不断出现以及资金投入的不断增加，医院的规模一般都是不断扩大的。医院设计应为医院的最终发展留有充分的余地和考虑，避免出现重复和无序建设。医院的设计可制定长远的规划，建设过程则可以通过分期建设来实现。

问题 326. 主体采用钢结构还是框架结构，也是包含在前期策划内吗？

答： 是的。结构的形式决定了未来建筑形式和使用的要求，而且钢结构和框架结构在投资上也有很大的差异。

建筑结构方案的选择主要受建筑的高度、跨度、荷载、使用功能等各方面的影响，其中合理确定柱网和结构体系是关键。采用合适的结构形式和轻质高强度的建筑材料，能减轻建筑物的自重，简化和减轻基础工程，减少建筑材料和构配件的费用及运输费。但是，如果建筑结构方案选择不合理，会造成建筑结构费用和措施费用的增加。一般来说，单方造价指标砌体结构、钢筋混凝土框架结构、钢筋混凝土框架-剪力墙结构、钢结构等依次增加。

现代医院建筑的结构计算中其结构荷载取值一般都有特定的标准，根据《全国民用建筑工程设计技术措施》等有关规范，并综合考虑我国在医院行业中所需使用的建筑工艺及材料荷载相关标准取值，医院建筑修建面荷载设计的具体取值可参考下表。现代医院建筑中的医疗设备工程一般按公共建筑的技术标准考虑，结构设计年限按一般住宅和建筑物考虑（一般为50年）。由于现代医院建筑结构较为重要且在建筑施工过程中存在诸多不可控因素，因此，结构重要性系数建议选取1.0。医院建筑面荷载取值见下表。

医院建筑面荷载取值

房间用途	荷载标准值 /（kN/m²）
手术室	3.0
产房	2.5
血库	5.0
X 光室	4.0
CT 室	3.0
DSA	5.0
MRI	5.0
消毒室	6.0

医院建筑的结构选型按照安全经济合理的原则，根据建筑功能、结构高度、当地抗震设防烈度综合确定。

门急诊楼、医技楼、感染楼一般是多层建筑，抗震设防6~7度地区一般采用框架结构，8度及以上宜采用框剪结构；住院楼、行政楼多为高层建筑，可采用框架或框剪结构；各建筑之间的低层连廊根据跨度的不同可采用钢框架或混凝土框架结构，跨度较大时多采用钢结构。

问题 327. 专项工程设计是否需单独招标，有哪些特殊要求？是否需要具有设计资质？

答： 是的。在工程承包招标中，对其中某项经较复杂或专业性强，施工和制作要求特殊的单项工程，可以单独进行招标的，称为专项工程承包招标。专项工程招标一般分为两种方式：公开招标和邀请招标。

专项设计分为很多种类，不同种类的专项设计的特殊要求是不一样的。其中有些需要有设计资质的，如防辐射设计，除了进行设计以外，它还需要进行防辐射的评估；放疗区以及核医学区，在进行环评评估以后才能允许建设。如下图所示。

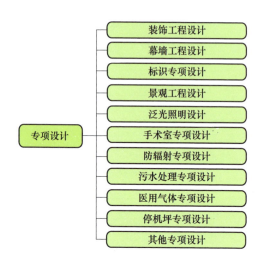

医院专项设计（部分）

问题 328. 医院目前常见的物流系统有哪些?

答：气动物流、轨道小车、机器人等。

医院物流传输系统是一种小型医用物品自动传输设备。根据物流载体的不同，工艺要求与施工配合也各不相同。

气动物流系统要求建筑专业根据科室功能需求规划站点位置和安装空间；气动机房可设置在系统中心部位，例如病房楼首层或转换夹层，但需满足净高要求。小车物流系统体积较大，对井道尺寸和吊顶净高的要求较为苛刻。土建专业尽量在施工图前期就与专业厂家配合，按照产品要求预留井道空间和水平轨道净高，与其他管线交叉的地方需要进行管线综合以确保吊顶净高满足室内空间要求。

问题 329. 医院的停机坪设置对医院的级别或者其他方面有要求吗?

答：医院的停机坪主要是用来转运重症患者的，其建设没有特别的要求，主要和项目投资和项目需求有关系。《医用直升机停机坪建设标准》中对停机坪做出了具体设计要求：

（1）位置选择：医用直升机停机坪应选址在医院或救援中

心附近，距离医院或救援中心应小于 3km，并要考虑通行、交通、安全等因素。

（2）平面设计：医用直升机停机坪应符合国家民航部门的规定，平面设计应为长方形，长宽比不应大于 3:1，长度至少为 30m，宽度至少为 10m，应设置两个起降方向，方向指示标志应明确。

（3）物理条件：医用直升机停机坪应平整、硬实、无明显的障碍物，应设置防滑措施和排水系统，在停机坪周围设置护栏及安全提示标志。

（4）灯光设施：医用直升机停机坪应按照国家民航部门的规定设置灯光设施，能够确保直升机在夜间或恶劣天气下安全起降。

（5）应急设备：医用直升机停机坪应配备应急设备，包括消防器材、医疗器械及常用备件等，以确保在紧急情况下可以迅速进行救援。

（6）建设标准：医用直升机停机坪的建设应符合相关法律法规和规范文件的要求，应具备完善的设计、审批、施工、验收和管理流程。

停机坪按其承担的任务分为普通型和后援型两种。普通型：仅提供起降服务。目前新建的三级医院多数为普通型。后援型：提供野外救助器材、药品和医护人员，并能为直升机提供燃油加注、充电等简单机务保障。直升机停机坪的位置应充分考虑到救治的需要，应能方便快速到达医院的中心手术室。

问题 330. 综合医院的单方造价大概是什么区间？

答：一线综合医院在 1 万左右，二三线城市大多数是五至八千，一些县医院三千多也能做得下来。常说的医疗项目所有的建安费，也就是单方造价，是不包含医疗设备的，但是含精装修。医疗项目总投资构成如下图所示。

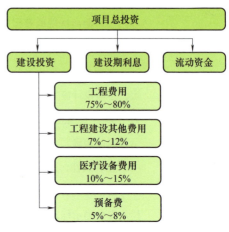

医疗项目总投资构成

问题 331. 带形窗如何解决房间与房间的噪声?

答:带形窗窗框必须与房间墙的模数是相对应的,如果出现墙与玻璃交接这种情况,噪声是非常难解决的。如果一定会出现这种情况,通常需增加构造做法。比如增加砌块墙或者是轻钢龙骨石膏板,在快撞到幕墙的时候进行一个宽窄的变化,并采用岩棉、密封胶等处理,通过构造措施相对解决噪声问题,但是完全达到隔声效果是有难度的,所以在设计时还应尽量让它与窗框对上。

问题 332. 医院的落地窗是否需要加护栏?

答:是的。遵照相应的建筑设计标准,栏杆高度不应小于1.05m,高层建筑的栏杆高度应再适当提高,但不宜超1.20m;落地窗防护栏杆或栏杆净高,六层及六层以下的不应低于1.05m;七层及七层以上的不应低于1.10m。封闭阳台栏板或栏杆也应满足阳台栏板或栏杆净高要求。七层及七层以上住宅和寒冷、严寒地区住宅宜采用实体栏板。

问题 333. 污水处理站的防护距离怎么考虑,可以和地下室贴邻吗?

答:污水处理站是可以和地下室贴邻的,但是需要考虑臭气的排放问题,将污水处理站放置在下风方向,尽量不对院内设施造成影响,现在厂家对于臭气排放处理很完善。污水站的设计主要注意以下几点：

（1）医院污水处理站应设在污水处理站内，与污水处理站主体建筑贴邻布置，且不应设在人员经常停留的地点和道路一侧。

（2）医院污水处理站内的排泥系统应与污水处理站主体建筑之间设置隔墙，隔墙应能满足使用功能和通风要求，隔墙内不得有管道通过。

（3）医院污水处理站内应设置污泥浓缩池和污泥脱水机房，并应有防止污泥扩散和防止对周围环境产生二次污染的措施。

（4）医院污水处理站内的废水排放口应设在地下或半地下，且不应设在人员经常活动的地点和道路一侧，排出口与医院内部排水系统的连接管不应穿过地下构筑物或建筑物。

（5）医院污水处理站内的废水排放口应设在地面以上，并宜设在建筑物的最高部位。

（6）医院污水处理站的废水排放口宜设置在地下或半地下构筑物或建筑物的地下室内，并宜与其上盖的结构层结合紧密。

（7）医院污水处理站内有地下构筑物时，应在构筑物下侧设置防止废水泄漏和防止对周围环境产生二次污染的措施。

问题334. 发热门诊能和感染病房在同一栋楼设计吗？

答： 发热门诊不能和感染病房在同一栋楼设计，感染病房分类细致，如呼吸道、消化道等，还可以再细分甲类、乙类等呼吸道感染病、肺结核等。

感染科通常包括发热、肠道和肝炎，根据当地疫情，可加设艾滋病及其他杂症门诊。综合医院内设的感染科多为门急诊合一，自成一区，24h使用，尽量避开人员密集场所，避免与大量人流交叉。

综合医院设置较多的是发热门诊和肠道门诊，发热门诊用于治疗发热患者，同时用于排查疑似传染病人，宜设单独的影像检查室。肠道门诊用于及时控制痢疾、霍乱、伤寒之类的肠道传染病。感染科门诊流线如下图所示。

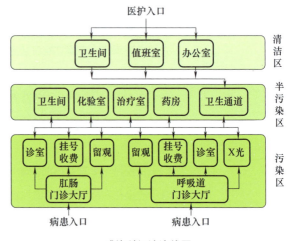

感染科门诊流线图

问题 335. 妇幼保健院中的月子中心可以按旅馆消防进行设计吗？

答： 可以，妇幼保健院中的月子中心在设计时可以遵循旅馆消防规范，但具体的设计要求还需根据月子中心的实际设置情况来确定。如果月子中心是独立设置的，那么在消防设计上可以参照旅馆的标准进行；如果月子中心与其他医疗功能合并设置，那么在消防设计上应按照医院的功能进行考虑。无论哪种情况，都需要遵循相关的建筑设计规范和消防安全规范，确保建筑物的消防安全。

问题 336. 消毒供应中心用水量估算为 180L/（床·天），包含常规用水加纯水医疗用水吗？

答： 消毒供应中心的用水量估算为 180L/（床·天），这个量包括了常规用水和纯水医疗用水。

常规用水是指在消毒供应中心进行日常工作和生活所需的用水，例如洗手、清洁工具设备和病床等。这些用水一般使用普通自来水，主要是为了保持环境的清洁和卫生。

另外，纯水医疗用水也被计入用水量估算中。纯水在医疗领域有着重要的应用，包括手术过程中的器械清洗、药物配制、注射液制备等。纯水对于医疗操作的安全性和精确性至关重要，因此在消毒供应中心中，纯水的使用量也会被考虑在内。

需要注意的是，以上只是一个大致的估算数值，实际的用水量可能会根据消毒供应中心的规模、设备和具体工作内容而有所不同。此外，经济节约用水也是非常重要的，应该在保证卫生质量的前提下合理利用水资源。

问题 337. 一般的小区的医疗卫生中心排出来的废水，经过化粪池后，能否直接排入市政污水管网？

答： 一般情况下，小区医疗卫生中心排出的废水经过化粪池处理后，不应直接排入市政污水管网。以下是几个原因：

（1）废水成分复杂： 医疗卫生中心产生的废水含有各种医疗废液、药物残渣、消毒剂等物质，其成分较为复杂。这些物质可能对市政污水处理站的处理工艺和设备造成影响，甚至损坏设备，影响整体的污水处理效果。

（2）污水处理能力限制： 市政污水处理站的处理能力是根据居民生活污水的量和性质进行设计的，无法充分适应医疗废水的处理需求。医疗废水通常含有更高浓度的有机物和潜在的传染病源，需要经过专门的处理和消毒等步骤，以保证其安全排放。

（3）法规和环保要求： 根据相关法规和环保要求，医疗废水应经过特殊处理，以确保其对环境和人体健康的影响降到最低。这样可以防止有害物质对水体和土壤的污染，保护生态环境。

因此，在小区医疗卫生中心排出废水后，建议将其经过专门设计的医疗废水处理设施进行处理。这些设施可以对废水进行综合处理、消毒和去除有害物质，确保达到国家或地方相关的排放标准。同时，应与当地环保部门和有关监管部门进行沟通，遵循法规要求，制定合适的废水处理方案。

问题 338. 牙科要求的单独排水包含哪些内容, 要单独处理吗?

答: 牙科门诊的单独排水是指将牙医诊所中使用的污水单独收集、处理和排放的系统。这样做的目的是有效控制和处理可能含有口腔残留物、牙科材料、消毒剂等的污水, 以减少对环境的影响, 并确保排放的水质符合相关的环境排放标准。

牙科门诊的单独排水包括以下内容:

(1) 沉淀罐 / 沉淀设备: 牙科门诊使用的水槽、洗手盆、洗涤台以及各种器械冲洗处的废水应首先通过沉淀罐或其他沉淀设备, 使固体颗粒沉降下来并分离出来。这些沉淀物包括牙科残留物、食物残渣和其他固体杂质。

(2) 过滤设备: 经过沉淀后的水需要进一步通过过滤设备去除细小的颗粒和悬浮物。常见的过滤设备包括砂滤器、过滤网等, 用于提高水的清洁度。

(3) 分离设备: 在某些情况下, 牙科门诊产生的废水中还可能含有一定的油脂、润滑剂或乳化剂等物质。因此, 可以使用分离设备如油水分离器, 将这些物质从废水中分离出来, 以减少对环境的污染。

(4) 除臭设备: 牙科门诊的废水中可能存在口腔残留物、氯仿等有较强刺激性气味的成分。为了消除异味和确保环境舒适, 可以设置除臭设备, 如活性炭吸附装置或臭氧消毒设备。

(5) 排放管道: 经过前述处理后, 牙科门诊的单独排水应通过专用的管道进行排放, 并按照相关要求, 将废水与其他污水进行分流, 避免交叉污染。

牙科门诊的单独排水需要单独处理的原因是, 牙科诊所产生的废水可能含有特殊的污染物质, 如含有重金属、消毒剂、药物残留物等, 如果与其他污水混合排放, 可能会对环境和人类健康造成潜在风险。因此, 单独处理和排放牙科门诊的废水有助于减少对环境的污染, 保护生态系统的健康。

问题339. 口腔科考虑给水排水管线敷设是否要做降板?

答： 口腔科在进行给水排水管线敷设时，是否需要做降板主要取决于以下几个因素：

（1）地面结构和高低差： 如果口腔诊所的地面存在较大的高低差或者复杂的地面结构（例如台阶、斜坡等），为了保证给水排水管道的顺利安装和连接，可能需要进行降板处理。降板可以使地面平整，确保管道的正常运行和排水功能。

（2）水平度要求： 给水排水管道的安装通常需要保持一定的水平度，以确保排水畅通和避免堵塞。如果地面出现明显的倾斜或不平坦情况，降板可以提供平整的基础，有助于管道的水平安装。

（3）设备需求： 口腔科诊所可能需要安装一些特殊的医疗设备，如牙椅、洗手盆等。这些设备的安装位置和对应的给水排水连接点可能需要考虑地面高低差和降板情况。根据具体设备的要求，可能需要调整降板的位置和高度，以便与设备的接口对齐，确保设备稳固并符合使用要求。

（4）卫生与清洁要求： 降板可以提供更平整、易于清洁的地面表面。在口腔诊所这样对卫生和清洁要求较高的场所，降板可以减少污物积聚，有助于保持环境的清洁和卫生。

综上所述，口腔科进行给水排水管线敷设时，根据地面结构、高低差、设备需求以及卫生清洁要求等因素，有时可能需要进行降板处理。建议在具体的设计和施工过程中，与相关领域的专家或工程师密切合作，确保给水排水管道的安装合规并符合相关法规和标准规定。

问题340. 是否可以利用EPS代替UPS?

答： 不能。应使用 UPS 作为手术室配套电源，而不应使用 EPS（包括快切 EPS）。

EPS 是应急电源，主要应用于消防系统。普通 EPS 主要强调市电停电时保证 0.5~2.0h 持续供电能力，并不要求不间断供电，因此部分参数相对于 UPS 有所加强（如耐压高、过压大、过流能力强、带载能力、启动能力、短时过载能力、节能、寿命长），部分参数相对于UPS有所减弱（如冷后备工作模式切换时间长、充电能力小）。

EPS选用机械自动转换开关（如接触器式、PC级自动转换开关等）代替UPS的静态开关，导致切换时间达不到毫秒级，达不到不断电要求，不能保证电子设备不间断工作，不能应用于手术区供电。

EPS只在国内使用，只有国内的中小企业生产，其控制部件设计生产、重要部件采购、生产过程质量控制、产品测试等环节都可能存在问题。UPS多由全球知名公司生产，已在全球大规模应用多年，广泛应用于数据中心、半导体生产等领域，被证实是安全、可靠、方便、实用的产品。

第四节　养老建筑设计

问题341. 我国人口老龄化有哪些特征？

答： 人口老龄化是指65岁及以上的老年人口占总人口的比例上升。我国人口老龄化日趋严重，主要有以下特征：

（1）人口高龄化趋势明显： 根据2024年10月11日，民政部、全国老龄办发布《2023年度国家老龄事业发展公报》，截至2023年末，我国60岁及以上的老年人口数量已经达到29697万人，占总人口的21.1%。其中，65岁及以上的老年人口为21676万人，占总人口的15.4%，高龄化趋势明显。老龄化的同时伴随高龄化，表明我国老年人口内部结构也在快速变化，养老服务和健康服务等需求将因为高龄化而以快于老年人口的增速增长，表现出结构效度。

（2）人口老龄化速度明显加快： 人口老龄化速度加快意味着应对人口老龄化的战略机遇期将快速逝去，政策准备期将大为缩短，"未备先老"问题将更加突出。

（3）**人口老龄化城乡差异快速扩大**：根据第七次全国人口普查数据，截至 2023 年末，乡村 60 岁及以上老人的比重为 23.81%，65 岁及以上老人的比重为 17.72%，比城镇分别高出 7.99、6.61 个百分点。与 2010 年相比，60 岁、65 岁及以上老年人口比重的城乡差异分别扩大了 4.99 和 4.35 个百分点。城乡差异扩大将进一步凸显应对农村人口老龄化的紧迫性。当前农村经济发展水平、社会服务水平等都严重滞后，农村人口老龄化必将带来更为严峻的挑战，将严重影响脱贫攻坚成果的巩固和乡村振兴战略的实施。

（4）**人口老龄化地区差异加大**：普查数据显示，65 岁及以上老年人口比重最高的地区和最低地区之间相差接近 12 个百分点，与 2010 年相比，扩大了 5.28 个百分点。人口老龄化地区差异的扩大反映了我国应对人口老龄化的复杂性。

（5）**人口老龄化程度与经济发展水平出现一定程度的背离**：理论上经济发展水平高的地区因为人口转变发生更早一般会拥有更高的人口老龄化程度。但由于发达地区吸引大量劳动年龄人口流入，延缓了人口老龄化发展速度，造成我国各地区人口老龄化程度与经济发展水平出现了很大程度的背离，体现出"未富先老"的状态。

问题 342. 老年宜居环境的概念是什么？

答：老年宜居环境是一个综合性的概念，它主要围绕老年人的**生理**和**心理**需求来构建。这个环境是以老年人的行为为准则，配备了健全的健康支持系统，包括医疗急救设施和生活服务设施等，以满足老年人的各种需求。此外，这个环境在居住空间、设施空间、出行空间和开放空间等方面都进行了充分的老龄化设计，以确保其适合各个年龄层的老年人，并注重老年人与他人的互动、老年人与社会的关系以及老年人与自然的和谐共处。这样的环境不仅有利于老年人的身心健康，还能满足他们在不同健康状况和自理能力下的照料服务需求，使他们能够在熟悉的环境中继续生活。

在文化精神层面上，老年宜居环境强调"尊老爱幼"的人文情怀，将这种价值观融入环境的规划与建设中。建设规划过程中，老年宜居环境注重打造共享空间和互助平台，以营造一个"普惠共享、生态适老、互助宜居"的社会氛围。这样的环境不仅能够满足老年人的基本生活需求，还能为他们提供一个相互帮助、共同享受的社交平台，使他们在舒适的环境中度过晚年。

问题 343. 如何构建多层次的适老空间体系？

答：根据老年人的步行、车行时间以及尺度，可以通过交通、设施、居住、景观四大空间系统构建多层次的适老空间体系：

（1）交通系统规划布局，打造外捷内缓的交通体系： 对外打造快捷的外部交通体系，加强城镇与大城市的对接，满足老人与子女情感交流和融入社会的需求；对内打造多层次的慢行交通体系，如设置自行车、老年健康步道、滨水湿地游线。此外，将生活区交通时速控制在 30km/h 以下营造适老、宜居、宁静的生活环境。

（2）公共服务设施体系规划布局，逐级均等化布置： 结合交通、急救、医护、文化、休闲等服务设施，逐级打造公共服务设施体系，宜分为 15 分钟生活圈（镇级）——10 分钟生活圈（街道）——5 分钟生活圈三级进行规划布局。

（3）居住空间、公共服务设施空间，尺度适老： 结合老年人心理、生理特征，打造适宜的空间尺度、温度、湿度、光照度等具体的物理环境。

（4）城市开放空间规划布，点线面相结合： 保护和延续当地的历史文化特色，突出适老化景观特色，串联城镇内部重要的公共服务设施及开敞空间节点，将人与自然空间环境、社会空间环境有机融合。

问题 344. CCRC 是什么？

答： CCRC 是指 Continuing Care Retirement Community，意为"**持续照料退休社区**"，属于养老模式的一种。养老模式可分为**居家养老**、**社区养老**、**机构养老**等养老模式，而CCRC 养老模式综合了机构养老、社区养老等多种养老模式，如下图所示。

在 CCRC 养老模式下，有需求的老人可付费入住社区，生活能够自理时无需照料，餐厅、超市以及各种娱乐活动场所一应俱全。在老人健康状况和自理能力发生变化时，依然可以在熟悉的环境中继续居住，但可获得与身体状况相对应的照料、护理服务。

CCRC 模式下的老人被分为三种类型：生活能够自理且有独立住所的**自理型老人**，日常生活需要他人帮助的**介助型老人**和完全不能自理的**介护型老人**。CCRC 为三种类型的老人提供不同的服务类型，以保障老人能够在社区内安享晚年。

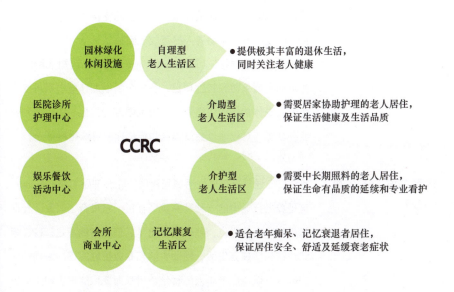

CCRC 模式

问题345. CCRC按功能模式分区主要分为哪四类?

答: CCRC按功能模式分区主要分为以下四类:

(1)独立生活区(Independent Living Unit): 所有的CCRC都有ILU。ILU可以是独栋房屋、多栋连建住宅、双层或三层公寓、大楼公寓等。ILU提供的服务包括健身、餐食、居家清洁、社交活动、娱乐休闲、手工艺等,费用通常包含于月费中,也有一部分服务是另外收费的。ILU的入住者多是健康老人,日常生活几乎不需辅助,可以享受家庭健康照护服务。

(2)辅助生活区(Assisted Living Unit): AL通常为大楼公寓或套房,并附有厨房等设施,入住老人大多具有一定独立生活能力,但日常活动中仍需协助,介助程度介于独立生活和专业护理照护之间。老人可以享受保健、餐食或特别饮食、家政、交通、就医协助、个人协助、日常生活活动能力协助、紧急救援等服务及喂食、药品管理和沐浴等。

(3)长期护理区(Long-Term Care Unit): 长期护理区提供专业护理服务,在社区或附近可及范围内提供短期疾病或损伤的恢复、慢性病治疗或更高层次的支持监护服务。同时提供康复服务,帮助老人尽可能达到独立。

(4)认知症照顾区(Memory Care Unit): 认知症照顾服务也称为痴呆照顾特别项目,在安全的物理环境中尽可能优化老人身体功能和生活质量,最大限度保持他们的尊严和自我存在感。对应地也会设置认知症护理的特殊照料单元。

问题346. 什么是LPC?

答: LPC通常是指"生活规划社区"(Life Plan Community),这是养老行业中的一种特殊类型社区,它集合了居家、社区和机构养老的优点,并有效避免了它们各自的不足。LPC模式通常包括**独立生活**、**辅助生活**和**专业护理**等不同级别的照护服务,以适应老年人随着年龄增长而变化的健康和生活需求,从被动接受到主动计划、从个体生活到社会参与、从消极衰老到积极享老、从照料护理到健康促进。

问题 347. 健康适老化设计体系的设计原则有哪些?

答: 健康适老化设计与普通建筑设计有所不同,其对于后期使用导向性更强,原则有以下几点:

(1)产品价值最大化原则: 在满足使用需求的前提下实现产品价值最大化,控制公共空间面积,提高居室面积及房间数量;根据项目所在地域特点,合理设置公共活动空间满足老人需求;充分利用户外景观、露台等空间为老人提供室外休憩活动场所。

(2)与运营服务紧密结合原则: 健康养老建筑是包含自理、协助、护理、失智老人的康复护理养老机构,涵盖居住空间、公共活动空间、公共服务空间、交通空间、后勤服务空间等不同功能空间,设计应以满足运营服务为原则,合理安排各功能空间,合理组织好客户、后勤、医护三大动线。

(3)适老化原则: 从总图规划到建筑设计、室内设计、景观设计,以适老化为原则,为老人提供无障碍、舒适、安心、快乐的生活氛围。

问题 348. 老年建筑有哪些规范需要遵循?

答: 关于老年建筑,需要遵循的规范主要包括以下几个方面:

《养老设施建筑设计规范》(GB 50867—2013):专门针对养老设施建筑设计的国家标准,适用于新建、改建和扩建的老年养护院、养老院和老年日间照料中心等养老设施建筑设计。

《无障碍设计规范》(GB 50763—2012):老年建筑需要符合无障碍设计的要求,以确保老年人能够方便地使用建筑设施。

《城镇老年人设施规划规范》(GB 50437—2007)(2018版):该规范对养老院、老年养护院、老年人日间照料中心的配建要求、配建指标、场地规划等做出规定。

《老年人建筑设计规范》（JGJ 122—99）：涉及老年人公共建筑设计的特殊要求，包括老龄阶段介助老人的体能心态特征的设计考虑，出入口、通道和垂直交通设施的便利性设计，以及建筑层数和电梯设置的要求。

《老年人居住建筑设计标准》（GB/T 50340—2016）：规定了老年人居住建筑设计应符合的国家标准，包括《住宅设计规范》（GB 50096—2011）和《无障碍设计规范》（GB 50763—2012）的相关规定。同时，还涉及紧急疏散、信息化和智能化养老服务系统的预留安装条件，以及全装修设计的要求。

《建筑与市政工程无障碍通用规范》（GB 55019—2021）：这是一项强制性工程建设规范，对新建、改建和扩建的市政和建筑工程无障碍设施建设和运行维护提出强制性要求。

《既有住宅建筑功能改造技术规范》（JGJ/T 390—2016）：对既有住宅的出入口、楼梯、公共走道、加装电梯等公用部分的适老化改造，以及养老服务智能化系统工程建设做出规定。

问题 349. 目前由于市区内的房源土地比较紧张，很多养老项目安置在离主城区几十公里外的地方，这种情况需要注意哪些问题？

答： 对于那些位于郊区的养老建筑而言，首要考虑的问题是医疗设施的可达性。养老项目若安置在离主城区较远的地方，可能会带来诸多不便，老年人可能面临突发疾病的状况，因此项目与最近医疗机构的距离必须考虑在内。这个距离不仅影响紧急情况下的救治效率，也关系到老年人日常的医疗保健需求。

所以，在进行郊区养老项目规划时，要特别注意与医疗机构之间的地理关系，确保在紧急和日常医疗情况下，都能够提供及时和有效的服务。此外，还应考虑建立和完善养老项目内部的医疗保健设施，以及与周边医疗机构的合作关系，以便为老年人提供更加全面和便捷的医疗服务。

问题 350. 养老建筑不同类型老人空间单元的空间关系是什么样的?

答: 养老建筑不同类型的老人空间关系主要分为两类: **护理 / 失智模块**空间关系、**自理模块**空间关系,如下图所示。

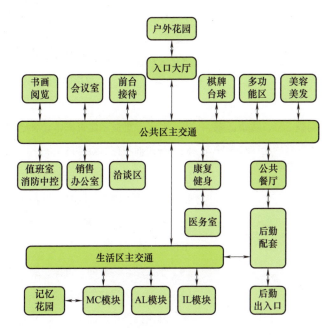

建筑主体空间关系示意

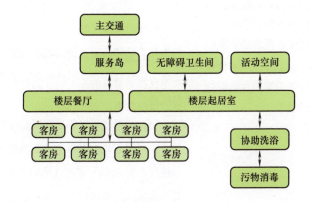

护理 / 失智模块空间关系示意

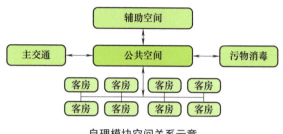

自理模块空间关系示意

问题 351. 健康适老化设计体系建筑本体要求有哪些?

答： 对于健康适老建筑本体宜满足以下几点：

（1）建筑面积在 8000~15000m² 为宜，多层为主、部分高层。

（2）半围合排布方式，L 形或 U 形，形成围合内庭院，增加项目的专属私密感，同时增加老人的室外活动空间。

（3）独立出入口，客户动线、服务动线分开，有单独的停车位。

（4）框架结构，开间、进深、层高符合产品定位要求。

（5）满足老人居住需求及通风采光，北方项目宜采用南向居室，其次选择东西向居室，尽量避免北向居室，南方项目视当地习惯确定。

问题 352. 健康养老建筑室外空间规划布局设计有哪些要求?

答： 室外空间是老年人接触自然、进行户外活动的重要场所。设计中应当注意：

（1）建筑总体布局应回应地域气候，充分满足通风、日照等需求，应有利于冬季室外行走、活动舒适及过渡季、夏季的自然通风。

（2）寒冷和严寒地区的建筑规划应避开冬季不利风向，在冬季典型风速和风向条件下，建筑物周围人行区距地 1.5m 处风速应小于 5m/s，老年人活动区风速应小于 2m/s；过渡季、夏季典型风速和风向条件下，老年人活动区不应出现涡旋或无风区。

（3）炎热地区的建筑规划应结合建筑物、构筑物、乔木等进行遮阳，宜采用水景和水体进行降温，并宜结合海绵城市设计措施改善住区热环境。

问题 353. 健康养老建筑室外空间道路交通及流线设计有哪些要求？

答： 室外空间道路交通是保障老年人生命安全的重点，设计中应当注意：

（1）人车分流：

1）车行系统与人行系统互不干扰，保证老人出行安全。

2）停车场宜采用地下或半地下的停车模式。

3）车行道与人行道区分明确，用不同的铺装材质或颜色进行区分，比如车行道采用灰色的沥青铺装，人行道采用暖色的地砖铺装，或通过绿化隔离带区隔。

（2）救护车辆：

1）规划医疗车专用救援通道，医疗车救援通道在条件允许时宜与消防救援通道一同设计。

2）救援通道应直接连接场地机动车出入口和建筑出入口。

3）道路系统应保证救护车辆能停靠在建筑的主要出入口，且应与建筑的紧急送医通道相连。

4）当救护车辆停靠场地位于建筑出入口雨搭、挑棚、挑檐等遮蔽物之下时，地面至遮蔽物底面净空不应小于 3.5m（参考《老年人照料设施建筑设计标准》JGJ 450—2018 第4.2.4 条）。

5）道路转弯半径不宜小于 7m。

6）周边留出适当空间，便于担架进出。

（3）楼栋单元出入口：

1）宜设置室内外过渡空间，比如架空层、连廊、门廊、四季厅和阳光房等。

2）应在符合消防间距的前提下，满足遮雨、遮阳要求，就近设置专用的电动助力车和电动轮椅停车位，并应设置电动助力车和电动轮椅充电装置。

问题 354. 养老公寓护理单元的平面设计有什么重难点？可以按照普通公寓布局吗？

答： 由于出房数量与运营效益，套内空间布局可以参照普通公寓，大部分护理老人的居住空间类似酒店开间的平面类型就可以满足需求。但是养老公寓护理单元的公共空间的配置上和普通公寓有很大的区别，需要有起居室、餐厅、交往活动空间、植物疗养区、宠物饲养区等公共空间配置，根据不同的项目、甲方要求和设计经验配置不同的公共空间。

问题 355. 在养老设施首层的设计中，门厅位置的选择有哪些考虑因素？

答： 门厅是进入养老设施后的第一个空间，人流量大，活动内容多，其所承担的功能多种多样。无论是从接待管理、生活服务的角度，还是从宣传展示、交通组织的角度来看，门厅都可以说是养老设施的重点空间，在设计过程中需要给予重点关注。

（1）外部交通条件：靠近或面向外部主要道路： 养老设施门厅的位置需考虑靠近或面向外部主要道路，以形成便捷的进出流线、树立良好的入口形象。

（2）内部主交通核位置：尽量与主交通核相邻： 门厅要尽量与主交通核相邻布置，以便人流能够快速地通过门厅和主交通核进行分流。

（3）与公共、服务、居住组团的位置关系： 门厅应与其管理办公空间亲密组合，并在适当的条件下，考虑与公共活动空间、庭院空间、医疗或后勤空间保持连通。

问题 356. 健康养老建筑厨卫设计有哪些要求？

答： 健康养老建筑厨卫空间对于老年人的生活质量和健康安全至关重要，设计中应当注意：

（1）卫生间坐便器边、浴盆边或淋浴空间应设置扶手和求助呼叫设施；阳台以及其他有条件的房间宜设置扶手和求助呼叫设施。

（2）主要卫生间应采用坐便器，坐便器宜配置智能或恒温垫圈。

（3）卫生间洗手盆、厨房操作台下宜设容膝空间。

问题 357. 健康养老建筑阳台设计有哪些要求?

答：健康养老建筑阳台区域对于老年人的日常安全和身心健康至关重要，设计中应当注意：

（1）阳台宜有良好日照，阳台净宽不宜小于 1.20m。

（2）严寒及寒冷地区、多风沙地区的阳台宜封闭。

（3）阳台应满足衣物晾晒、日常活动、锻炼等功能。

（4）阳台进深适中，能够满足轮椅回转，又不妨碍冬季阳光照射到内侧的床位。

问题 358. 健康养老建筑对采光和视野有哪些要求?

答：养老建筑的设计应充分考虑自然光的引入，注意以下几点：

（1）老年人住宅的卧室、起居室以及老年人照料设施的居室应有直接天然采光和自然通风，并应避免产生眩光。

（2）老年人照料设施的居室宜能获得冬至日不少于 2h 的日照。

（3）老年人的卧室、起居室和活动用房的采光不应低于采光等级 III 级的采光标准值，侧面采光的采光系数不应低于 3.0%，室内天然光照度不应低于 450lx。

（4）老年人住宅的卧室、起居室以及老年人照料设施的居室宜通过外窗看到室外自然景观，应无明显视线干扰，主要居室距外部建筑间距不宜小于 18m；宜采用低位大玻璃窗；当采用低位大玻璃窗时，底部应留出 300~600mm 高的实体墙或其他保护措施。

（5）应特别注意床的位置和开窗的对应关系，尽量能让阳光照射到床上。

（6）居室的入口处宜争取天然采光，以侧向柔和的天然采光

为最佳，使老人进出门能够看清周围的环境，确保行动安全
方便。

（7）一些有两道外墙的居室，可适当加设与主采光窗不同方
位的小窗，多方向射入光线，既可以提高室内通风质量，又
可改善房间深处的采光。

（8）注意洞口对位，使老人在室内较深处，视线也能穿过门
窗洞口看向室外；开窗的位置应朝向景观和人们、儿童活动
的区域。

（9）大部分卫生间无法做到直接天然采光，可考虑采取向其
他空间开设小窗、高窗，在门上采用部分透光材质的方式。

（10）外廊式的养老建筑，在走廊内墙面设置采光窗将光线
引入居室，又可以使护理人员观察到套内活动的老人，便于
救助。

（11）尤其是当老人的居室采用套间的布置方式，靠内侧的
厨房或起居厅等往往没有天然采光，借助走廊的间接采光就
非常重要，此采光窗需内设可调节百叶或采用毛玻璃，保障
居室内的隐私。

**问题 359. 健康养老
建筑门窗设计需要注
意哪些细节？**

答：（1）门窗及开启：

1）门窗应具有防夹功能，五金件不应有尖角，应易于单手
操作。

2）外开窗应有辅助开启关闭装置，开启力度不宜大于 22N。

3）应选用便于老年人使用的门把手和门锁，不宜采用复杂
或不易辨识的电子锁、显示屏。

4）老年人因关节退化肌肉力量不足，常出现抬臂困难问题，
窗把手设置于开启扇中部的位置，会造成老年人开闭窗扇较
为困难，尤其是对于乘坐轮椅的老年人。

（2）门把手选型：

1）门把手的选型宜方便老年人施力。

2）平开门的把手宜为横杆式，把手末端应弯向门扇，既可以防止勾挂衣袖、书包带，也有利于老人牢握不打滑。

3）推拉门的把手宜为竖杆式，相较于较小的内凹把的形式，竖杆式把手更便于老年人拉拽、推移门扇时用力，也能够辅助老年人在开闭门扇的过程中保持身体平衡。

（3）扶手设计：

1）横向扶手能够让老年人撑扶和抓握，设置在卫生间淋浴区，地面湿滑、容易发生跌倒隐患的区域。

2）竖向扶手主要供老年人抓握、起身、转身或倚靠，常设置在卫生间如厕和淋浴区等位置。

3）L形扶手兼有横向和竖向扶手的功能，常用在坐便器侧方及淋浴空间等既需要保持姿势稳定，也会出现坐姿、站姿转换的位置。一些L形扶手的横向部位设计成水平横板的形式，在提供支撑的同时可兼作置物。

4）翻折式扶手常用于卫生间如厕区，其特点是能够灵活的根据使用需求上下或者水平翻折。

问题360. 改造类养老公寓项目，层高设置多少合适？

答： 具体层高应根据项目定位确定。一般情况下，由于老人对空调设施的需求或者身体感知不太高，因此客房区域常常不设中央空调，只设分体空调，公共区域设置中央空调。这种情况下，项目客房区域的层高控制在3.3m，高端项目控制在3.6~3.9m，公共区域由于尺度问题，层高会高一些。

问题361. 失智老人与介助老人居室设计有什么区别？

答： 养老空间的设计是和养老理念相关的。失智老人也就是患有阿尔兹海默症的老人，这些老人的特点是在生理上是健康的，能够独立活动，但是容易没有安全感、容易走失、记不清楚事情。失智老人空间设计有特定的形式，要形成闭环，无论是室内空间还是装饰，都要给老人提供记忆刺激，帮助恢复。由于现在很多养老院，失智老人与普通老人都是混在一起的，所以需要为失智老人设置单独的区域，既要保证失智老人不能轻易走出去，又不能给老人造成监狱的感觉，并通过设计手法为老人提供家的感觉。

介助老人活动不太方便，没有独立互动的能力，需要介助轮椅、拐杖等辅助工具和护理人员的照顾，对于介助老人建筑设计在细节上需要考虑到多样的无障碍设施以及顺畅交通流线。

问题362. 养老社区中，静态僵化问题要怎么解决？千人一面问题要怎么解决？以偏概全的问题要怎么解决？

答： 随着社会的发展和人们生活状态的改变，任何建筑类型的目标都不是一成不变的，养老社区设计也会暴露出不同程度的问题。

（1）针对静态僵化问题： 设计要动态化，要保证满足几十年的需求，尽可能多地打造可复用空间，灵活空间。

（2）针对千人一面问题： 从形态学角度来看，户型比较僵化，应该尝试个性化格局模式的改变，居住环境应该适当地结合当地的生活环境并且脱颖而出。

（3）针对以偏概全问题： 要重视自理老人的心理状态，要打造"隐老化"的标签，去除"老、弱、残"的标签。

问题363. 新型冠状病毒疫情后，对于养老设施的设计有哪些启示？

答： 在新型冠状病毒疫情的影响下，设计师对于养老设施的设计有了更深层次的思考和认识。首先，对于新建的养老设施，设计小规模组团的重要性逐渐凸显。这样的设计不仅可以有效地隔离不同区域，减少交叉感染的风险，还能让养老设施更加灵活，便于管理和维护。

其次，对于现有的养老设施，可以通过局部改造和增加设备的方式来提高其隔离能力。这不仅可以有效应对疫情，还能在未来的日子里，应对可能出现的其他健康危机，提高养老设施的应变能力。

再者，智能化设备的重要性。它不仅能提升养老设施的服务质量，降低人力成本，还能直接有利于老人的康复和娱乐。智能化设备的应用，将是未来养老设施设计的重要趋势，也是应对老龄化社会的重要手段。

问题364. 既有建筑养老设施改造存在的共性问题有哪些？

答： 我国养老事业起步较晚，在养老改造方面普遍存在一些问题：

（1）既有建筑本身所处的环境比较复杂，需要考虑到设计方案对建造环境的影响。

（2）结构与消防的选择要能够支撑建筑方案，并考虑到成本造价。

（3）项目开始之初就应该进行消防等方面的整体安全评估，使项目在开始之后不至于出现颠覆性的失败。

（4）以为老人打造高品质的生活环境为出发点。

问题365. 既有建筑养老设施改造建议运营方什么时候介入？

答： 运营方在项目评估阶段应与住建部门合作，对拟改建设施进行房屋结构安全、消防安全等检验检测，并依据评估报告细化论证改建方案。

运营方在设计阶段应与设计部门配合，确保空间的功能布局符合运营需求，避免后期因设计不合理而导致的运营难题或额外改造成本。

运营方在项目建设阶段应与施工部门配合，确保项目的施工和验收符合养老服务设施的标准与要求，以便后期顺利进行运营。

改建项目运营后，运营方需要建立健全养老托育服务机构评估制度，定期对养老机构的人员、设施、服务、管理、信誉等进行综合评估。

综上所述，运营方的介入应从项目策划阶段开始，贯穿于整个改造过程，直至项目完成并投入运营，以确保项目符合运营实际，提高服务效率和质量。

参考文献

[1] 住房和城乡建设部工程质量安全监管司. 全国民用建筑工程设计技术措施 [M]. 北京：中国计划出版社，2009.

[2] 中国建筑标准设计研究院.《建筑设计防火规范》图示 [M]. 北京：中国计划出版社，2006.

[3] 希缪，斯坎伦. 风对结构的作用：风工程导论 [M]. 刘尚培，等译. 上海：同济大学出版社，2010.

[4] 芦原义信. 街道的美学 [M]. 南京：江苏凤凰文艺出版社，2017.

[5] 曾思育，董欣，刘毅. 城市降雨径流污染控制技术[M]. 北京：中国建筑工业出版社，2016.

[6] 美国水环境联合会. 城市雨水控制设计手册 [M]. 蒋玖璐，徐连军，关春雨，译. 北京：中国建筑工业出版社，2018.